上海市住房和城乡建设管理委员会

上海市安装工程概算定额

第二册　建筑智能化工程

SH 02—21(02)—2020

同济大学出版社

2021　上　海

图书在版编目(CIP)数据

上海市安装工程概算定额.第二册,建筑智能化工程 SH 02—21(02)—2020 / 上海市建筑建材业市场管理总站主编. --上海:同济大学出版社,2021.4
    ISBN 978-7-5608-9841-4

    Ⅰ.①上⋯ Ⅱ.①上⋯ Ⅲ.①建筑安装—建筑概算定额—上海②智能化建筑—设备安装—建筑概算定额—上海 Ⅳ.①TU723.34

    中国版本图书馆 CIP 数据核字(2021)第 049285 号

上海市安装工程概算定额　第二册　建筑智能化工程　SH 02—21(02)—2020
上海市建筑建材业市场管理总站　主编
责任编辑　朱　勇　　**责任校对**　徐春莲　　**封面设计**　陈益平

出版发行　同济大学出版社　　www.tongjipress.com.cn
　　　　　(地址:上海市四平路 1239 号　邮编:200092　电话:021-65985622)
经　　销　全国各地新华书店
印　　刷　常熟市大宏印刷有限公司
开　　本　890mm×1240mm　1 / 16
印　　张　7.5
字　　数　240 000
版　　次　2021 年 4 月第 1 版　　2021 年 4 月第 1 次印刷
书　　号　ISBN 978-7-5608-9841-4

定　　价　78.00 元

上海市建设工程概算定额修编委员会

主　　任：黄永平

副 主 任：裴　晓　王扣柱　董爱华　周建国　顾晓君　姜执伟

委　　员：陈　雷　马　燕　金宏松　杨文悦　方　琪　孙晓东

　　　　　苏耀军　应敏伟　杨志杰　汪结春　干　斌　徐　忠

上海市建设工程概算定额修编工作组

组　　长：马　燕

副 组 长：方　琪　孙晓东　涂荣秀　许倩华　应敏伟　曹虹宇

　　　　　夏　杰　莫　非　汪崇庆

组　　员：朱　迪　蒋宏彦　程德慧　汪一江　田洁莹　彭　磊

　　　　　张　竹　康元鸣　黄　英　辛　隽　乐　翔　张红梅

上海市安装工程概算定额

主 编 单 位：上海市建筑建材业市场管理总站

参 编 单 位：上海鑫元建设工程咨询有限公司

主要编制人员：蒋宏彦　汪一江　杨秋萍　乐嘉栋　徐　俊　陈霞娟
　　　　　　　柳　欣　茹少勇　黄　芳　高淑玲　顾　捷　周　隽
　　　　　　　李　颖　顾慧莹　吴舜伟　庄文浩　杨俊毅　汤励能
　　　　　　　高玲玲　肖　娴　陈宏聪

审 查 专 家：冯　闻　朱振宇　祝金阳　侯立新　王大春　朱钢敏
　　　　　　　左琦炜　戴元夏　俞　洋　薛贵喜　吕　俭　杨伟鸣

上海市住房和城乡建设管理委员会文件

沪建标定〔2020〕795 号

上海市住房和城乡建设管理委员会
关于批准发布《上海市建筑和装饰工程概算
定额(SH 01—21—2020)》《上海市市政工程
概算定额(SH A1—21—2020)》等 4 本
工程概算定额的通知

各有关单位：

为进一步完善本市建设工程计价依据,满足工程建设全生命周期的计价需求,根据《上海市建设工程定额体系表 2018》及《2017 年度上海市建设工程及城市基础设施养护维修定额编制计划》,《上海市建筑和装饰工程概算定额(SH 01—21—2020)》《上海市市政工程概算定额(SH A1—21—2020)》《上海市安装工程概算定额(SH 02—21—2020)》《上海市燃气管道工程概算定额(SH A6—21—2020)》(以下简称"新定额")等 4 本工程概算定额编制完成并经有关部门会审,现予以发布,自 2021 年 5 月 1 日起实施。

原《上海市建筑和装饰工程概算定额(2010)》《上海市建筑和装饰工程概算定额(2010)装配式建筑补充定额》《上海市市政工程概算定额(2010)》《上海市安装工程概算定额(2010)》及《上海市公用管线工程概算定额(2010)》(燃气管线工程)同时废止。

本次发布的新定额由市住房城乡建设管理委负责管理,由上海市建筑建材业市场管理总站负责组织实施和解释。

特此通知。

上海市住房和城乡建设管理委员会

二〇二〇年十二月三十一日

总　说　明

一、《上海市安装工程概算定额》(以下简称本定额),包括电气设备安装工程,建筑智能化工程,通风空调工程,消防工程,给排水、采暖、燃气及工业管道工程,共五册。

二、本定额适用于本市行政区域范围内新建、改建、扩建的安装工程。

三、采用本定额进行概算编制的应遵循定额中定额编号、工程量计算规则、项目划分及计量单位。

四、本定额是编制设计概算(书)的参考依据,是进行项目建设投资评审、设计方案比选的参考依据,是编制估算指标的基础。

五、本定额以国家和本市现行建设工程强制性标准、推荐性标准、设计规范、标准图集、施工验收规范、技术操作规程、质量评定标准、产品标准和安全操作规程为依据编制,并参考了国家和本市行业标准,以及典型工程案例,具有代表性的工程设计、施工和其他资料。

六、本定额综合了本市安装工程预算定额的内容和含量,包括了安装工程的工料机消耗量,其他相关费用应依据国家和本市现行取费规定计算。

七、本定额主要是在《上海市安装工程预算定额(SH 02—31—2016)》基础上,以主要分项工程综合相关工序的综合定额,即按主要分项工程规定的计量单位、计算规则及综合相关工序的预算定额计算而得的人工、材料及制品、机械台班的消耗标准,体现了上海地区社会平均水平。

八、本定额中材料与机械消耗量均以主要工序用量为准。难以计量的零星材料与机械列入其他材料费或其他机械费中,以该项目材料或机械之和的百分率表示。

九、本定额所采用的材料(包括构配件、零件、半成品及成品)均为符合质量标准和设计要求的合格产品;若品种、规格、型号、强度等级与设计不符时,可按各章节规定调整。定额未注明材料规格、强度等级的应按设计要求选用。

十、本定额中的工作内容已说明了主要的施工工序,次要工序虽未说明,但均已包括在内。

十一、本定额与《上海市安装工程预算定额(SH 02—31—2016)》配套使用,在应用中有缺项的定额,可执行预算定额相应项目,或按设计需要,遵循编制原则进行补充与调整。

十二、关于水平和垂直运输:

(一)工程设备:包括自安装现场指定堆放地点运至安装地点的水平和垂直运输。

(二)材料、成品、半成品:包括施工单位现场仓库或现场指定堆放地点运至安装地点的水平和垂直运输。

(三)垂直运输基准面:室内以室内地平面为基准面,室外以安装现场地平面为基准面。

(四)安装操作物高度距离标准以各分册定额为依据。

十三、本定额中材料栏内带"(　　)"表示主材。

十四、本定额注有"××以内"或"××以下"者,均包括××本身;"××以外"或"××以上"者,则不包括××本身。

十五、凡本说明未尽事宜,详见各章节说明和附录。

上海市安装工程概算定额费用计算说明

一、直接费

直接费是施工过程中耗费的构成工程实体和部分有助于工程形成的各项费用[包括人工费、材料费、施工机械(机具)使用费和零星工程费]。直接费中不包含增值税可抵扣进项税额。

1. 人工费

人工费是指支付给直接从事建筑安装工程施工作业的生产工人的各项费用。

2. 材料费

材料费是指工程施工过程中耗费的各种原材料、半成品、构配件等的费用,以及周转材料等的摊销、租赁费用。

3. 施工机械(机具)使用费

施工机具(机械)使用费是指工程施工作业所发生的施工机具(机械)、仪器仪表使用费或其租赁费。

4. 零星工程费

零星工程费是指设计图纸未反映,定额直接费计算中未包括,可能发生的其他构成工程实体的费用。零星工程费是以直接费为基数,乘以相应的费率计算。

二、企业管理费和利润

1. 企业管理费

企业管理费是指施工单位为组织施工生产和经营管理所发生的费用。企业管理费不包含增值税可抵扣进项税额。

2. 利润

利润是指施工单位从事建筑安装工程施工所获得的盈利。

企业管理费和利润是以直接费中的人工费为基数,乘以相应的费率计算。

三、安全文明施工费

安全文明施工费是指在工程项目施工期间,施工单位为保证安全施工、文明施工和保护现场内外环境等所发生的措施项目费用。安全文明施工费中不包含增值税可抵扣进项税额。

安全文明施工费是以直接费与企业管理费和利润之和为基数,乘以相应的费率计算。

四、施工措施费

施工措施费是指为完成工程项目施工,发生于该工程施工前和施工过程中,非工程实体项目的费用。施工措施费中不包含增值税可抵扣进项税额。

施工措施费是以直接费与企业管理费和利润之和为基数,乘以相应的费率计算。

五、规费

规费是指按国家法律、法规规定,由上海市政府和上海市有关权力部门规定施工单位必须缴纳,应计入建筑安装工程造价的费用。主要包括:社会保险费(养老、失业、医疗、生育和工伤保险费)和住房公积金。

规费是以直接费中的人工费为基数,乘以相应的费率计算。

六、增值税

增值税即为当期销项税额。

当期销项税额是以税前工程造价为基数,乘以增值税税率计算。

七、上海市安装工程概算费用计算顺序表

上海市安装工程概算费用计算顺序表

序号	项目		计算式	备注
一	直接费	工、料、机费	按概算定额子目规定计算	包括说明
二		零星工程费	（一）×费率	
三		其中：人工费	概算定额人工费＋零星工程人工费	零星工程人工费按零星工程费的20％计算
四	企业管理费和利润		（三）×费率	
五	安全文明施工费		[（一）＋（二）＋（四）]×费率	
六	施工措施费		[（一）＋（二）＋（四）]×费率（或按拟建工程计取）	
七	小计		（一）＋（二）＋（四）＋（五）＋（六）	
八	规费	社会保险费	（三）×费率	
九		住房公积金	（三）×费率	
十	增值税		[（七）＋（八）＋（九）]×增值税税率	
十一	安装工程费		（七）＋（八）＋（九）＋（十）	

册 说 明

一、本册定额包括计算机网络系统工程,综合布线及线缆工程,建筑设备自动化系统工程,有线电视、卫星接收系统工程,音频、视频系统工程,安全防范系统工程,智能识别管理系统工程,共七章。

二、本册定额不包括以下内容:

(一)电力及控制电缆敷设、电线槽安装、桥架安装、电线管敷设、软管安装、砖墙及混凝土墙(地)面开槽、人井(孔)、手井(孔)、电缆沟工程、电缆保护管敷设以及 UPS 电源及附属设施、设备支架吊架制作安装、配电箱等的安装,执行本定额第一册《电气设备安装工程》相关定额项目。

(二)设备本身的功能性故障检测及排除。

(三)本册定额的设备安装工程按成套购置考虑,包括构件、标准件、附件和设备内部连线。

(四)本册定额未包括的建筑智能化系统,执行《上海市安装工程预算定额(SH 02—31—2016)》第五册《建筑智能化工程》相关定额项目。

三、关于下列各项费用调整系数的规定:

(一)工程超高费(即操作高度增加费):按操作物高度离楼地面 5m 为限,超过 5m 时,超过部分工程量按定额人工乘以下表系数。工程超高费全部为人工费用。

操作物高度(m)	≤10	≤30	≤50
系数	1.20	1.30	1.50

(二)高层建筑增加费:高层建筑(指高度在 6 层或 20m 以上的工业和民用建筑)增加的费用按下表分别计取。

建筑层数(层)	≤12	≤18	≤24	≤30	≤36	≤42	≤48	≤54	≤60
按人工量的%	2	5	9	14	20	26	32	38	44

高层建筑增加费中,其中的 65% 为人工降效,其余为机械降效。

(三)本册定额所涉及的系统试运行(除特殊专业外)是按连续无故障运行 120h 考虑的;超出时费用另行计算。

目　　录

第一章 计算机网络系统工程

说　　明

一、本章包括服务器、路由器、防火墙、交换机、调制解调器、无线通信设备、无源光网络设备、附属设备、软件安装、网络系统调试及试运行、程控用户交换机。

二、本章定额不包括以下工作内容：

（一）软件、配件的制作。

（二）在特殊条件下的设备加固、防护。

（三）在特殊条件下的软件安装、防护。

（四）操作系统的开发，病毒的清除、版本升级。

（五）与计算机系统以外的外系统联试、校验或统调。

（六）设备跳线的制作、安装，执行本册定额第二章相关定额项目。

（七）光分设备安装，执行本册定额第二章相关定额项目。

三、工作站，适用于工控机、工作站。

四、服务器，分塔式服务器、机架式服务器和刀片式服务器。

五、防火墙设备适用于包过滤器防火墙、基于状态检测技术的防火墙、应用层防火墙及网闸。

六、无线系统设备天线，适用于定向天线和全向天线，并综合考虑室内安装和室外安装两种敷设方式。

七、附属设备，适用于光纤收发器、各类模块、网络存储单元、多用户转换插件和打印机。

八、程控用户交换机，综合了本体安装及设备调试。

工程量计算规则

一、计算机网络系统设备的安装及软件安装，按设计图示数量计算，以"台""套"为计量单位。

二、计算机网络系统调试，根据信息点数量划分区间，以"系统"为计量单位。计算机网络系统试运行，按整个计算机网络为一个系统，以"系统"为计量单位计算。

三、程控交换机，按设计图示数量计算，以"台"为计量单位。

第一节 定额消耗量

一、服务器

工作内容：本体安装、接线、接地、调试。

定额编号				B-2-1-1	B-2-1-2	B-2-1-3	B-2-1-4
项 目				工作站	服务器		
					塔式	机架式	刀片式
名 称			单位	台	台	台	台
人工	00050101	综合人工 安装	工日	1.1620	1.2700	1.3900	4.6000
材料	28030515	铜芯聚氯乙烯软线 BVR-6mm²	m		2.0400	2.0400	2.0400
	29090213	铜接线端子 DT-6	个		2.0400	2.0400	2.0400
机械	98051150	数字万用表 PF-56	台班	0.2000	0.5000		
	98370890	便携式计算机	台班	0.5000			

二、路由器

工作内容：本体安装、接线、接地、调试。

定额编号				B-2-1-5	B-2-1-6
项 目				路由器	
				固定配置	插槽式
名 称			单位	台	台
人工	00050101	综合人工 安装	工日	1.0400	3.8400
材料	28030515	铜芯聚氯乙烯软线 BVR-6mm²	m	2.0400	2.0400
	29090213	铜接线端子 DT-6	个	2.0400	2.0400
机械	98370890	便携式计算机	台班	0.6400	1.9800

4

三、防　火　墙

工作内容： 本体安装、接线、接地、调试。

定额编号			B-2-1-7
项　目			防火墙设备
名　称		单位	台
人工	00050101 综合人工 安装	工日	2.7000
材料	28030515 铜芯聚氯乙烯软线 BVR-6mm²	m	2.0400
	29090213 铜接线端子 DT-6	个	2.0400
机械	98370890 便携式计算机	台班	2.0000

四、交　换　机

工作内容： 本体安装、接线、接地、调试。

定额编号			B-2-1-8	B-2-1-9
项　目			交换机	
			固定配置	插槽式
名　称		单位	台	台
人工	00050101 综合人工 安装	工日	3.7800	6.9120
材料	28030515 铜芯聚氯乙烯软线 BVR-6mm²	m	2.0400	2.0400
	29090213 铜接线端子 DT-6	个	2.0400	2.0400
机械	98370890 便携式计算机	台班	1.3000	3.4000

五、调 制 解 调 器

工作内容： 本体安装、接线、接地、调试。

定额编号			B-2-1-10
项　目			调制解调器
名　称		单位	台
人工	00050101 综合人工 安装	工日	1.3320
材料	28030515 铜芯聚氯乙烯软线 BVR-6mm²	m	2.0400
	29090213 铜接线端子 DT-6	个	2.0400

六、无线通信设备

工作内容： 本体安装、接线、接地、调试。

定 额 编 号			单位	B-2-1-11	B-2-1-12	B-2-1-13	B-2-1-14
项 目				无线局域网接入控制器（AC）	无线局域网接入点(AP)设备	无线对讲系统	
						中继台	分路器、合路器、双工器、车载台
	名 称		单位	台	台	台	台
人工	00050101	综合人工 安装	工日	2.0000	0.4800	3.5000	0.8000
材料	03018173	膨胀螺栓(钢制) M10	套			4.0800	4.0800
	03210209	硬质合金冲击钻头 φ10～12	根			0.0400	0.0400
	28030515	铜芯聚氯乙烯软线 BVR-6mm²	m	2.0400			
	29090213	铜接线端子 DT-6	个	2.0400			
	X0045	其他材料费	%			1.0000	1.0000
机械	98370890	便携式计算机	台班	1.0000			

工作内容： 本体安装、接线、接地、调试。

定 额 编 号			单位	B-2-1-15	B-2-1-16
项 目				无线对讲系统	无线系统设备天线
				耦合分配器、功率分配器、对讲机	
	名 称		单位	台	副
人工	00050101	综合人工 安装	工日	0.0990	0.3125
材料	03018172	膨胀螺栓(钢制) M8	套		4.0800
	03210203	硬质合金冲击钻头 φ6～8	根		0.0400
	X0045	其他材料费	%		5.0000
机械	98051150	数字万用表 PF-56	台班		0.2000

七、无源光网络设备

工作内容： 1. 接口盘安装、光线路终端设备（OLT）安装调试。
2. 光网络单元（ONU）安装调试。

定 额 编 号				B-2-1-17	B-2-1-18
项 目				光线路终端设备（OLT）	光网络单元（ONU）
名 称			单位	台	台
人工	00050101	综合人工 安装	工日	1.5480	1.2180
机械	98150090	光功率计 ML9001A	台班	0.0500	0.1000
	98190240	光可变衰减器	台班	0.0300	0.0600
	98320061	网络分析仪	台班	0.0300	
	98320190	网络测试仪	台班		0.0600

八、附 属 设 备

工作内容： 本体安装、接线、接地、调试。

定 额 编 号				B-2-1-19
项 目				附属设备
名 称			单位	台
人工	00050101	综合人工 安装	工日	0.3040
机械	98051150	数字万用表 PF-56	台班	0.0850
	98370890	便携式计算机	台班	0.0225

九、软 件 安 装

工作内容： 软件安装、调试。

定 额 编 号				B-2-1-20
项 目				系统软件
名 称			单位	套
人工	00050101	综合人工 安装	工日	1.3000
机械	98370890	便携式计算机	台班	0.1600

十、网络系统调试及试运行

工作内容： 1,2,3. 系统联调、技术指标测试。

　　　　　　4. 试运行。

定 额 编 号			B-2-1-21	B-2-1-22	B-2-1-23	B-2-1-24
项　　目			网络系统调试			网络系统试运行
			≤100 个信息点	≤300 个信息点	>300 个信息点	
					每增加 50	
名　　称		单位	系统	系统	系统	系统
人工	00050101	综合人工 安装	工日	28.0000	70.7000	11.9000	21.0000
材料	34070901	防静电手环	个	1.0000	1.0000		1.0000
机械	98051150	数字万用表 PF-56	台班	3.0000	7.0000	2.0000	5.0000
	98320061	网络分析仪	台班	10.0000	24.0000	4.0000	2.0000
	98370890	便携式计算机	台班	18.0000	43.0000	2.0000	5.0000
	98470225	对讲机 一对	台班	9.0000	21.0000	3.5000	5.0000
	98510010	打印机	台班				1.0000

十一、程控用户交换机

工作内容： 本体安装、接线、接地、调试。

定 额 编 号			B-2-1-25	B-2-1-26
项　　目			程控用户交换机 PABX	
			300 门以下	1000 门以下
名　　称		单位	台	台
人工	00050101	综合人工 安装	工日	12.5720	22.1020

第二节 定 额 含 量

一、服 务 器

工作内容：本体安装、接线、接地、调试。

定 额 编 号			B-2-1-1	B-2-1-2	B-2-1-3	B-2-1-4
项 目			工作站	服务器		
				塔式	机架式	刀片式
			台	台	台	台
预算定额编号	预算定额名称	预算定额单位	数 量			
03-5-1-4	工控机	台	0.4000			
03-5-1-5	工作站	台	0.6000			
03-5-1-6	服务器 塔式	台		1.0000		
03-5-1-7	服务器 机架式 1U	台			0.2000	
03-5-1-8	服务器 机架式 2U	台			0.2000	
03-5-1-9	服务器 机架式 4U	台			0.3000	
03-5-1-10	服务器 机架式 4U 以上	台			0.3000	
03-5-1-11	服务器 刀片式 ≤7 片	台				0.4000
03-5-1-12	服务器 刀片式 >7 片	台				0.6000

二、路 由 器

工作内容：本体安装、接线、接地、调试。

定 额 编 号			B-2-1-5	B-2-1-6
项 目			路由器	
			固定配置	插槽式
			台	台
预算定额编号	预算定额名称	预算定额单位	数 量	
03-5-1-13	路由器 固定配置 ≤4 口	台	0.4000	
03-5-1-14	路由器 固定配置 >4 口	台	0.6000	
03-5-1-15	路由器 插槽式 ≤4 槽	台		0.4000
03-5-1-16	路由器 插槽式 >4 槽	台		0.6000

三、防　火　墙

工作内容：本体安装、接线、接地、调试。

定　额　编　号			B-2-1-7
项　　目			防火墙设备
			台
预算定额编号	预算定额名称	预算定额单位	数　　量
03-5-1-17	防火墙设备 包过滤器防火墙	台	0.2500
03-5-1-18	防火墙设备 基于状态检测技术的防火墙	台	0.2500
03-5-1-19	防火墙设备 应用层防火墙	台	0.2500
03-5-1-20	防火墙设备 网闸	台	0.2500

四、交　换　机

工作内容：本体安装、接线、接地、调试。

定　额　编　号			B-2-1-8	B-2-1-9
项　　目			交换机	
			固定配置	插槽式
			台	台
预算定额编号	预算定额名称	预算定额单位	数　　量	
03-5-1-21	交换机 固定配置 ≤24 口	台	0.4000	
03-5-1-22	交换机 固定配置 >24 口	台	0.6000	
03-5-1-23	交换机 插槽式 ≤4 槽	台		0.4000
03-5-1-24	交换机 插槽式 >4 槽	台		0.6000

五、调 制 解 调 器

工作内容：本体安装、接线、接地、调试。

定　额　编　号			B-2-1-10
项　　目			调制解调器
			台
预算定额编号	预算定额名称	预算定额单位	数　　量
03-5-1-25	调制解调器 有线	台	0.4000
03-5-1-26	调制解调器 无线	台	0.6000

六、无线通信设备

工作内容：本体安装、接线、接地、调试。

定　额　编　号				B-2-1-11	B-2-1-12	B-2-1-13	B-2-1-14
项　目				无线局域网接入控制器（AC）	无线局域网接入点（AP）设备	无线对讲系统	
						中继台	分路器、合路器、双工器、车载台
				台	台	台	台
预算定额编号	预算定额名称		预算定额单位	数　　量			
03-5-1-27	无线局域网接入点（AP）设备 室内安装		台		0.4000		
03-5-1-28	无线局域网接入点（AP）设备 室外安装		台		0.6000		
03-5-1-29	无线局域网接入控制器（AC）		台	1.0000			
03-5-1-30	无线对讲系统 中继台		台			1.0000	
03-5-1-31	无线对讲系统 分路器、合路器、双工器		台				0.5000
03-5-1-34	无线对讲系统 车载台		台				0.5000

工作内容：本体安装、接线、接地、调试。

定　额　编　号			B-2-1-15	B-2-1-16
项　目			无线对讲系统	无线系统设备天线
			耦合分配器、功率分配器、对讲机	
			台	副
预算定额编号	预算定额名称	预算定额单位	数　　量	
03-5-1-32	无线对讲系统 耦合分配器、功率分配器	只	0.9000	
03-5-1-33	无线对讲系统 对讲机	台	0.1000	
03-5-1-35	无线对讲系统 定向天线 室内安装	副		0.2500
03-5-1-36	无线对讲系统 定向天线 室外安装	副		0.2500
03-5-1-37	无线对讲系统 全向天线 室内安装	副		0.2500
03-5-1-38	无线对讲系统 全向天线 室外安装	副		0.2500

七、无源光网络设备

工作内容： 1. 接口盘安装、光线路终端设备（OLT）安装调试。
2. 光网络单元（ONU）安装调试。

定　额　编　号			B-2-1-17	B-2-1-18
项　　目			光线路终端设备（OLT）	光网络单元（ONU）
			台	台
预算定额编号	预算定额名称	预算定额单位	数　　量	
03-5-1-39	光线路终端设备（OLT）架式	台	0.6000	
03-5-1-40	光线路终端设备（OLT）盒式	台	0.4000	
03-5-1-41	光线路终端设备（OLT）接口盘	块	1.0000	
03-5-1-42	OLT设备本机测试　上联SNI接口	端口	0.5000	
03-5-1-43	OLT设备本机测试　下联光接口	端口	0.5000	
03-5-1-44	光网络单元（ONU）集成式	台		0.2000
03-5-1-45	光网络单元（ONU）插卡式	子架		0.6000
03-5-1-46	光网络单元（ONU）扩展板卡	块		0.2000
03-5-1-47	ONU设备本机测试　上联光接口	端口		1.0000

八、附　属　设　备

工作内容： 本体安装、接线、接地、调试。

定　额　编　号			B-2-1-19
项　　目			附属设备
			台
预算定额编号	预算定额名称	预算定额单位	数　　量
03-5-1-48	光纤收发器	台	0.2500
03-5-1-49	各类模块	块	0.2500
03-5-1-50	网络存储单元	个	0.2000
03-5-1-51	多用户转换插件	个	0.1500
03-5-1-52	打印机	台	0.1500

九、软 件 安 装

工作内容： 软件安装、调试。

定　额　编　号			B-2-1-20
项　　目			系统软件
			套
预算定额 编号	预算定额 名称	预算定额 单位	数　　量
03-5-1-53	操作系统软件	套	0.6000
03-5-1-54	专业应用软件	套	0.4000

十、网络系统调试及试运行

工作内容： 1,2,3. 系统联调、技术指标测试。
　　　　　4. 试运行。

定　额　编　号			B-2-1-21	B-2-1-22	B-2-1-23	B-2-1-24
项　　目			网络系统调试			网络系统 试运行
			≤100 个 信息点	≤300 个 信息点	>300 个 信息点	
					每增加 50	
			系统	系统	系统	系统
预算定额 编号	预算定额 名称	预算定额 单位	数　　量			
03-5-1-55	网络系统调试 ≤100 个信息点	系统	1.0000			
03-5-1-56	网络系统调试 ≤300 个信息点	系统		1.0000		
03-5-1-57	网络系统调试 >300 个信息点 每增加 50	系统			1.0000	
03-5-1-58	网络系统试运行	系统				1.0000

十一、程控用户交换机

工作内容：本体安装、接线、接地、调试。

定 额 编 号			B-2-1-25	B-2-1-26
项 目			程控用户交换机 PABX	
			300 门以下	1000 门以下
			台	台
预算定额编号	预算定额名称	预算定额单位	数 量	
03-11-1-38	机房通信交换分线设备安装 程控用户交换机 PABX 128 门以下	套	0.4000	
03-11-1-39	机房通信交换分线设备安装 程控用户交换机 PABX 300 门以下	套	0.6000	
03-11-1-40	机房通信交换分线设备安装 程控用户交换机 PABX 500 门以下	套		0.4000
03-11-1-41	机房通信交换分线设备安装 程控用户交换机 PABX 1000 门以下	套		0.6000
03-11-1-158【系】	通信设备调试 程控用户交换机 PABX 128 门以下	套	0.4000	
03-11-1-159【系】	通信设备调试 程控用户交换机 PABX 300 门以下	套	0.6000	
03-11-1-160【系】	通信设备调试 程控用户交换机 PABX 500 门以下	套		0.4000
03-11-1-161【系】	通信设备调试 程控用户交换机 PABX 1000 门以下	套		0.6000

第二章　综合布线及线缆工程

说　　明

一、本章包括机柜、机架，信息配线箱，信息插座，跳线架、配线架，光纤盒、光缆终端盒、光纤配线架安装，光分路器，线缆敷设，信息点支路配管配线。

二、机柜安装，有综合壁挂式和落地式两种安装方式，工作内容包括本体及抗震机柜底座安装、接地。

三、信息配线箱，区分室内和室外两种安装方式，其中室外信息配线箱安装包括基础浇筑。

四、模块式信息插座安装（含模块）综合单口、双口、四口，工作内容包括端接模块、安装固定面板、标识。

五、光纤信息插座安装（含耦合器）包括单口和双口，工作内容包括安装光纤连接器及面板、尾纤熔接、接线盒、标识。

六、跳线架安装打接，工作内容包括跳线架安装打接、理线架安装、跳线安装、线缆测试。

七、配线架安装打接，工作内容包括配线架安装打接、理线架安装、跳线安装、线缆测试。

八、光纤盒、光纤终端盒、光纤配线架，工作内容包括光纤终端盒（光纤盒/光纤终端盒/光纤配线架）安装、光纤耦合器安装、布放尾纤、光纤连接、光纤跳线安装、光纤测试。

九、线缆敷设中非屏蔽双绞线缆 4 对以下、大对数电缆、电缆敷设，综合考虑管内敷设和线槽敷设两种方式。屏蔽双绞线执行非屏蔽双绞线定额项目，人工乘以系数 1.10。

十、综合布线系统干支线划分：由机房至机柜、机架（接线箱）的管、线缆为干线，其他为支路管线。

十一、信息点支路管线敷设按住宅和非住宅分类。适用于六类非屏蔽系统。

（一）住宅信息点支路管线包含了由住宅用户弱电箱（户内）至信息插座的配管及双绞线，住宅用户综合弱电箱安装在户外的执行非住宅信息点支路管线敷设子目。

（二）非住宅信息点支路管线包含了由楼层配线设备至信息插座的配管及双绞线，并综合考虑了双绞线线槽内敷设和管内敷设两种方式。线槽安装执行本定额第一册《电气设备安装工程》相应子目。

（三）综合布线中若单孔信息插座数量超过总量的 20% 时，支路管线定额子目乘以系数 1.20。

（四）非住宅信息点支路管线敷设子目，如有跨层或层高超过 5m 的，超过部分按干线计算。

工程量计算规则

一、机柜安装，按设计图示数量计算，以"架"为计量单位。

二、信息配线箱安装，按设计图示数量计算，以"套"为计量单位。

三、信息插座，按设计图示数量计算，以"个"为计量单位。

四、跳线架、配线架安装打接区分接口数，按设计图示数量计算，以"架"为计量单位。

五、光纤盒、光纤终端盒、光纤配线架安装，区分所接续的不同芯数光纤，按设计图示数量计算，以"个"为计量单位。

六、光分路器，按设计图示数量计算，以"台"为计量单位。

七、线缆敷设，按设计图示尺寸以单根长度（含预留长度）计算，以"m"为计量单位。

八、线缆、光缆预留长度计算：设计有规定时，按设计规定计算；设计无规定时，按下列规定计算预留长度：

（一）线缆、光缆松弛度、波形弯度、交叉长度，按线缆、光缆全长度的 2.5% 计算附加长度。

（二）线缆、光缆进入建筑物，预留 2m。

（三）线缆、光缆进入配电箱，预留长度按箱体的半周长计入相应工程量。

（四）线缆、光缆进入终端接线盒，从安装对象中心算起，预留 0.5m。

（五）光缆进入沟内或吊架的引上（下）预留 1.5m。

（五）光缆头预留 1.5m。

九、信息支路管线敷设分住宅类和非住宅类，区分配管材质，按设计图示信息模块数量计算，以"终端"为计量单位。

第一节　定额消耗量

一、机柜、机架

工作内容： 本体及抗震机柜底座安装、接地。

定　额　编　号				B-2-2-1
项　　　目				机柜安装
名　　　称			单位	架
人工	00050101	综合人工 安装	工日	2.0400
材料	03018174	膨胀螺栓（钢制）M12	套	6.1200
	03210209	硬质合金冲击钻头 φ10～12	根	0.0600
	28030515	铜芯聚氯乙烯软线 BVR-6mm²	m	2.0400
	29090213	铜接线端子 DT-6	个	2.0400
机械	98050580	接地电阻测试仪 3150	台班	0.0100

二、信息配线箱

工作内容： 1. 本体安装、接地。
　　　　　　 2. 本体安装、接地、基础浇筑。

定　额　编　号				B-2-2-2	B-2-2-3
项　　　目				室内信息配线箱安装	室外信息配线箱安装
名　　　称			单位	套	套
人工	00050101	综合人工 安装	工日	0.5100	0.8020
材料	03018171	膨胀螺栓（钢制）M6	套	1.4280	1.6320
	03018173	膨胀螺栓（钢制）M10	套		2.4480
	03018174	膨胀螺栓（钢制）M12	套	1.2240	
	03150101	圆钉	kg		0.0250
	03210203	硬质合金冲击钻头 φ6～8	根	0.0140	0.0164
	03210209	硬质合金冲击钻头 φ10～12	根	0.0120	0.0246
	35010703	木模板成材	m³		0.0040
	80060112	干混砌筑砂浆 DM M7.5	m³	0.0021	
	80210513	预拌混凝土（非泵送型）C20 粒径 5～16	m³		0.1050
	X0045	其他材料费	%	1.0000	0.6300

三、信 息 插 座

工作内容：1. 端接模块、安装固定面板、标识。

2,3. 安装光纤连接器及面板、尾纤熔接、接线盒安装、标识。

定 额 编 号				B-2-2-4	B-2-2-5	B-2-2-6
项 目				模块式信息插座安装(含模块)	光纤信息插座安装(含耦合器)	
					单口	双口
		名 称	单位	个	个	个
人工	00050101	综合人工 安装	工日	0.0610	0.5410	1.0410
材料	Z30130301	光纤信息插座	个		(1.0100)	(1.0100)
	Z30130501	模块式信息插座(语音)	个	(1.0100)		
	29110201	接线盒	个		1.0200	1.0200
	30131131	尾纤	根		2.0000	4.0000
	80060211	干混抹灰砂浆 DP M5.0	m³		0.0003	0.0003
	X0045	其他材料费	％		10.3400	10.3400
机械	98150140	手持式光损耗测试仪 MS9020A	台班		0.2300	0.4600
	98150240	光纤熔接机 AV33119	台班		0.3700	0.7400

四、跳线架、配线架

工作内容：跳线架安装打接、理线架安装、跳线安装、线缆测试。

定 额 编 号				B-2-2-7	B-2-2-8	B-2-2-9	B-2-2-10
项 目				跳线架安装打接			
				50 对	100 对	200 对	400 对
		名 称	单位	架	架	架	架
人工	00050101	综合人工 安装	工日	2.2500	4.2500	8.4300	16.8500
材料	Z30131121	跳线	根	(50.0000)	(100.0000)	(200.0000)	(400.0000)
机械	98320190	网络测试仪	台班	0.5000	1.0000	2.0000	4.0000
	98370890	便携式计算机	台班	0.5000	1.0000	2.0000	4.0000
	98470225	对讲机 一对	台班	0.5000	1.0000	2.0000	4.0000
	98510030	宽行打印机	台班	0.5000	1.0000	2.0000	4.0000

工作内容：配线架安装打接、理线架安装、跳线安装、线缆测试。

定 额 编 号			B-2-2-11	B-2-2-12	B-2-2-13	B-2-2-14
项 目			配线架安装打接			
			12 口	24 口	48 口	96 口
名 称		单位	架	架	架	架
人工	00050101	综合人工 安装	工日	1.3700	2.6900	5.2100	10.2500
材料	Z30131121	跳线	根	(18.0000)	(36.0000)	(72.0000)	(144.0000)
机械	98320190	网络测试仪	台班	0.3600	0.7200	1.4400	2.8800
	98370890	便携式计算机	台班	0.1200	0.2400	0.4800	0.9600
	98470225	对讲机 一对	台班	0.3600	0.7200	1.4400	2.8800
	98510030	宽行打印机	台班	0.1200	0.2400	0.4800	0.9600

五、光纤盒、光缆终端盒、光纤配线架安装

工作内容：光纤终端盒安装、光纤耦合器安装、布放尾纤、光纤连接、光纤跳线安装、光纤测试。

定 额 编 号			B-2-2-15	B-2-2-16	B-2-2-17	B-2-2-18
项 目			光纤盒、光缆终端盒、光纤配线架安装			
			≤24 芯	≤48 芯	≤72 芯	≤96 芯
名 称		单位	个	个	个	个
人工	00050101	综合人工 安装	工日	6.9200	13.7300	20.5900	27.4600
材料	Z30131121	跳线	根	(12.0000)	(24.0000)	(36.0000)	(48.0000)
	30131131	尾纤	根	24.0000	48.0000	72.0000	96.0000
机械	98150140	手持式光损耗测试仪 MS9020A	台班	2.9800	5.9000	8.8500	11.8100
	98150175	测试仪	台班	0.7200	1.4400	2.1600	2.8800
	98150240	光纤熔接机 AV33119	台班	4.4400	8.8800	13.3200	17.7600
	98370890	便携式计算机	台班	0.2400	0.4800	0.7200	0.9600
	98470225	对讲机 一对	台班	0.7200	1.4400	2.1600	2.8800
	98510030	宽行打印机	台班	0.2400	0.4800	0.7200	0.9600

六、光 分 路 器

工作内容：本体安装。

定 额 编 号			B-2-2-19
项 目			光分路器安装
名 称		单位	台
人工	00050101 综合人工 安装	工日	0.1900

七、线 缆 敷 设

工作内容：线缆敷设。

定 额 编 号			B-2-2-20	B-2-2-21	B-2-2-22	B-2-2-23
项 目			非屏蔽双绞线缆	大对数电缆		
			4 对以下	25 对以下	50 对以下	100 对以下
名 称		单位	100m	100m	100m	100m
人工	00050101 综合人工 安装	工日	0.7000	1.0200	1.5700	2.1900
材料	Z28310010 双绞线(非屏蔽)4 对以下	m	(116.5000)	(116.5000)	(116.5000)	(116.5000)
	01030117 钢丝 φ1.6~2.6	kg	0.0650	0.0650	0.0650	0.1500
	34130112 塑料扁形标志牌	个	4.0000	4.0000	4.5000	4.5000
	X0045 其他材料费	%	4.2700	4.2700	4.3500	4.5500

工作内容：线缆敷设。

定 额 编 号			B-2-2-24	B-2-2-25	B-2-2-26	B-2-2-27
项 目			大对数电缆		光缆	
			200 对以下	200 对以上	外径≤5mm	外径≤10mm
名 称		单位	100m	100m	100m	100m
人工	00050101 综合人工 安装	工日	3.9250	5.9050	1.9875	2.5550
材料	Z28250201 光缆	m			(110.0000)	(110.0000)
	Z28310010 双绞线(非屏蔽)4 对以下	m	(116.5000)	(116.5000)		
	01030117 钢丝 φ1.6~2.6	kg	0.1600	0.2000		
	34130112 塑料扁形标志牌	个	5.0000	5.0000	3.5000	3.5000
	X0045 其他材料费	%	4.6000	4.6400	3.0000	3.0000

工作内容： 线缆敷设。

定额编号			B-2-2-28	B-2-2-29	B-2-2-30	B-2-2-31
项 目			光缆			铜芯电缆
			外径≤16mm	外径≤25mm	外径>25mm	外径≤5mm
名 称		单位	100m	100m	100m	100m
人工	00050101 综合人工 安装	工日	2.9875	3.4750	3.9625	0.9550
材料	Z28110108 铜芯电缆 外径≤10mm	m				(110.0000)
	Z28250201 光缆	m	(110.0000)	(110.0000)	(110.0000)	
	01030117 钢丝 φ1.6～2.6	kg				0.0650
	34130112 塑料扁形标志牌	个	3.5000	3.5000	3.5000	4.0000
	X0045 其他材料费	%	3.0000	3.0000	3.0000	4.2700

工作内容： 线缆敷设。

定额编号			B-2-2-32	B-2-2-33	B-2-2-34	B-2-2-35
项 目			铜芯电缆			
			外径≤10mm	外径≤16mm	外径≤25mm	外径>25mm
名 称		单位	100m	100m	100m	100m
人工	00050101 综合人工 安装	工日	1.1850	1.3050	1.5850	1.9150
材料	Z28110108 铜芯电缆 外径≤10mm	m	(110.0000)	(110.0000)	(110.0000)	(110.0000)
	01030117 钢丝 φ1.6～2.6	kg	0.0650	0.0650	0.0650	0.0650
	34130112 塑料扁形标志牌	个	4.0000	4.0000	4.0000	4.0000
	X0045 其他材料费	%	4.2700	4.2700	4.2700	4.2700

工作内容： 线缆敷设。

定额编号			B-2-2-36	B-2-2-37	B-2-2-38	B-2-2-39
项 目			光缆直埋敷设			
			外径≤10mm	外径≤16mm	外径≤25mm	外径>25mm
名 称		单位	100m	100m	100m	100m
人工	00050101 综合人工 安装	工日	2.0000	2.4000	2.8000	3.2000
材料	Z28250201 光缆	m	(110.0000)	(110.0000)	(110.0000)	(110.0000)
	04271501 混凝土标桩	个	0.9180	0.9180	0.9180	0.9180
	X0045 其他材料费	%	3.0100	3.0100	3.0100	3.0100

23

八、信息点支路配管配线

工作内容：配管、配线、接线盒安装。

定 额 编 号			B-2-2-40	B-2-2-41	B-2-2-42	B-2-2-43
项 目			住宅			非住宅
			PVC阻燃塑料管	紧定(扣压)式薄壁钢管	焊接钢管	PVC阻燃塑料管
名 称		单位	终端	终端	终端	终端
人工	00050101	综合人工 安装	工日	0.3062	0.2562	0.3945	0.7210
材料	Z28310010	双绞线(非屏蔽)4 对以下	m	(9.3200)	(9.3200)	(9.3200)	(69.9000)
	Z29060011	焊接钢管(电管) DN20	m			(5.1500)	
	Z29060312	紧定式镀锌钢导管 DN20	m		(5.1500)		
	Z29060601	聚氯乙烯易弯电线管 DN20	m	(5.3000)			(6.3600)
	01030117	钢丝 φ1.6～2.6	kg	0.0104	0.0104	0.0104	
	01090110	圆钢 φ5.5～9	kg			0.0365	
	03130114	电焊条 J422 φ3.2	kg			0.0345	
	03152513	镀锌铁丝 14#～16#	kg	0.0125	0.0140	0.0330	0.0150
	03152516	镀锌铁丝 18#～22#	kg	0.0115			0.0138
	13050511	醇酸防锈漆 C53-1	kg			0.0405	
	14050111	溶剂油 200#	kg			0.0105	
	14090611	电力复合酯 一级	kg		0.0050		
	14411801	胶粘剂	kg	0.0040			0.0048
	18031112	钢制外接头 DN20	个			0.8240	
	29061412	紧定式螺纹盒接头 DN20	个		0.9270		
	29061632	紧定式直管接头 DN20	个		0.8755		
	29062112	易弯塑料管入盒接头及锁扣 DN20	个	1.7240			2.0688
	29062513	锁紧螺母(钢管用) M20	个			0.7725	
	29063212	塑料护口(电管用) DN20	个			0.7725	
	29063412	易弯塑料管管接头 DN20	只	0.8335			1.0002
	29110201	接线盒	个	1.0200	1.0200	1.0200	1.0200
	34130112	塑料扁形标志牌	个	0.1600	0.1600	0.1600	3.6000
	80060211	干混抹灰砂浆 DP M5.0	m³	0.0003	0.0003	0.0003	0.0003
	X0045	其他材料费	%	4.4400	1.6100	4.7300	3.1200
机械	99250010	交流弧焊机 21kV·A	台班			0.0175	

工作内容： 配管、配线、接线盒安装。

定 额 编 号			B-2-2-44	B-2-2-45	B-2-2-46
项 目			非住宅		
			紧定(扣压)式薄壁钢管	焊接钢管	镀锌钢管
名 称		单位	终端	终端	终端
人工	00050101 综合人工 安装	工日	0.6610	0.8269	0.7378
材料	Z28310010 双绞线(非屏蔽)4 对以下	m	(69.9000)	(69.9000)	(69.9000)
	Z29060011 焊接钢管(电管) DN20	m		(6.1800)	
	Z29060031 镀锌焊接钢管(电管) DN20	m			(6.1800)
	Z29060312 紧定式镀锌钢导管 DN20	m	(6.1800)		
	01090110 圆钢 φ5.5～9	kg		0.0438	
	03130114 电焊条 J422 φ3.2	kg		0.0414	
	03152513 镀锌铁丝 14#～16#	kg	0.0168	0.0396	0.0396
	13050201 铅油	kg			0.0600
	13050511 醇酸防锈漆 C53-1	kg		0.0486	
	14050111 溶剂油 200#	kg		0.0126	
	14090611 电力复合酯 一级	kg	0.0060		
	18031112 钢制外接头 DN20	个		0.9888	
	29061212 镀锌电管外接头 DN20	个			0.9612
	29061412 紧定式螺纹盒接头 DN20	个	1.1124		
	29061632 紧定式直管接头 DN20	个	1.0506		
	29062513 锁紧螺母(钢管用) M20	个		0.9270	
	29062552 镀锌锁紧螺母 M20	个			2.4744
	29063212 塑料护口(电管用) DN20	个		0.9270	2.4744
	29110201 接线盒	个	1.0200	1.0200	1.0200
	29175212 镀锌地线夹 φ20	套			3.8436
	34130112 塑料扁形标志牌	个	3.6000	3.6000	3.6000
	80060211 干混抹灰砂浆 DP M5.0	m³	0.0003	0.0003	0.0003
	X0045 其他材料费	%	1.4500	4.7000	3.5100
机械	99250010 交流弧焊机 21kV·A	台班		0.0210	

第二节　定额含量

一、机柜、机架

工作内容： 本体及抗震机柜底座安装、接地。

定额编号			B-2-2-1
项目			机柜安装
			架
预算定额编号	预算定额名称	预算定额单位	数量
03-5-4-37	网络或服务器机柜 壁挂式	架	0.5000
03-5-4-38	网络或服务器机柜 落地式	架	0.5000
03-5-4-39	抗震机柜底座安装	个	1.0000

二、信息配线箱

工作内容： 1. 本体安装、接地。
2. 本体安装、接地、基础浇筑。

定额编号			B-2-2-2	B-2-2-3
项目			室内信息配线箱安装	室外信息配线箱安装
			套	套
预算定额编号	预算定额名称	预算定额单位	数量	
03-5-2-1	室内信息配线箱明装 半周长≤0.8m	套	0.1000	
03-5-2-2	室内信息配线箱明装 半周长≤1.2m	套	0.1000	
03-5-2-3	室内信息配线箱明装 半周长≤1.6m	套	0.1000	
03-5-2-4	室内信息配线箱明装 半周长＞1.6m	套	0.2000	
03-5-2-5	室内信息配线箱暗装 半周长≤0.8m	套	0.1000	
03-5-2-6	室内信息配线箱暗装 半周长≤1.2m	套	0.1000	
03-5-2-7	室内信息配线箱暗装 半周长≤1.6m	套	0.1000	
03-5-2-8	室内信息配线箱暗装 半周长＞1.6m	套	0.2000	
03-5-2-9	室外信息配线箱安装 半周长≤0.8m	套		0.2000
03-5-2-10	室外信息配线箱安装 半周长≤1.2m	套		0.2000
03-5-2-11	室外信息配线箱安装 半周长≤1.6m	套		0.2000
03-5-2-12	室外信息配线箱安装 半周长＞1.6m	套		0.4000
03-5-2-13	室外信息配线箱基础浇筑	m³		0.1000

三、信 息 插 座

工作内容：1. 端接模块、安装固定面板、标识。
　　　　　2,3. 安装光纤连接器及面板、尾纤熔接、接线盒安装、标识。

定　额　编　号			B-2-2-4	B-2-2-5	B-2-2-6
项　　　　目			模块式信息插座安装(含模块)	光纤信息插座安装(含耦合器)	
				单口	双口
			个	个	个
预算定额编号	预算定额名称	预算定额单位	数　　量		
03-5-2-16	模块式信息(语音)插座安装 单口	个	0.3000		
03-5-2-17	模块式信息(语音)插座安装 双口	个	0.6000		
03-5-2-18	模块式信息(语音)插座安装 四口	个	0.1000		
03-5-2-19	光纤信息插座安装 单口	个		1.0000	
03-5-2-20	光纤信息插座安装 双口	个			1.0000
03-5-2-32	光纤耦合器安装 单口	个		2.0000	4.0000
03-5-2-61	光纤连接 热熔法	芯		2.0000	4.0000
03-5-2-62	布放尾纤	根		2.0000	4.0000
03-4-11-398	暗装 灯头盒、接线盒安装	10个		0.1000	0.1000

四、跳线架、配线架

工作内容：跳线架安装打接、理线架安装、跳线安装、线缆测试。

定　额　编　号			B-2-2-7	B-2-2-8	B-2-2-9	B-2-2-10
项　　　　目			跳线架安装打接			
			50 对	100 对	200 对	400 对
			架	架	架	架
预算定额编号	预算定额名称	预算定额单位	数　　量			
03-5-2-21	跳线架安装打接 50 对	架	1.0000			
03-5-2-22	跳线架安装打接 100 对	架		1.0000		
03-5-2-23	跳线架安装打接 200 对	架			1.0000	
03-5-2-24	跳线架安装打接 400 对	架				1.0000
03-5-2-31	理线架安装	架	1.0000	1.0000	2.0000	4.0000
03-5-2-63	跳线安装 同一机柜内	根	50.0000	100.0000	200.0000	400.0000
03-5-2-131	链路测试 大对数线缆	对	50.0000	100.0000	200.0000	400.0000

工作内容： 配线架安装打接、理线架安装、跳线安装、线缆测试。

定　额　编　号			B-2-2-11	B-2-2-12	B-2-2-13	B-2-2-14
项　　目			配线架安装打接			
			12 口	24 口	48 口	96 口
			架	架	架	架
预算定额编号	预算定额名称	预算定额单位	数　　量			
03-5-2-25	配线架安装打接 12 口	架	1.0000			
03-5-2-26	配线架安装打接 24 口	架		1.0000		
03-5-2-27	配线架安装打接 48 口	架			1.0000	
03-5-2-28	配线架安装打接 96 口	架				1.0000
03-5-2-31	理线架安装	架	1.0000	1.0000	1.0000	1.0000
03-5-2-63	跳线安装 同一机柜内	根	18.0000	36.0000	72.0000	144.0000
03-5-2-129	链路测试 双绞线缆	路	12.0000	24.0000	48.0000	96.0000

五、光纤盒、光缆终端盒、光纤配线架安装

工作内容： 光纤终端盒安装、光纤耦合器安装、布放尾纤、光纤连接、光纤跳线安装、光纤测试。

定　额　编　号			B-2-2-15	B-2-2-16	B-2-2-17	B-2-2-18
项　　目			光纤盒、光缆终端盒、光纤配线架安装			
			≤24 芯	≤48 芯	≤72 芯	≤96 芯
			个	个	个	个
预算定额编号	预算定额名称	预算定额单位	数　　量			
03-5-2-33	光纤耦合器安装 双口	个	12.0000	24.0000	36.0000	48.0000
03-5-2-38	光缆终端盒安装 ≤24 芯	个	1.0000			
03-5-2-39	光缆终端盒安装 ≤48 芯	个		1.0000		
03-5-2-40	光缆终端盒安装 ≤72 芯	个			1.0000	
03-5-2-41	光缆终端盒安装 ≤96 芯	个				1.0000
03-5-2-61	光纤连接 热熔法	芯	24.0000	48.0000	72.0000	96.0000
03-5-2-62	布放尾纤	根	24.0000	48.0000	72.0000	96.0000
03-5-2-63	跳线安装 同一机柜内	根	12.0000	24.0000	36.0000	48.0000
03-5-2-130	链路测试 光纤	路	24.0000	48.0000	72.0000	96.0000

六、光 分 路 器

工作内容：本体安装。

定 额 编 号			B-2-2-19
项 目			光分路器安装
			台
预算定额编号	预算定额名称	预算定额单位	数 量
03-5-2-47	光分路器安装 1：4 盒式	台	0.1000
03-5-2-50	光分路器安装 1：32 盒式	台	0.1000
03-5-2-51	光分路器安装 1：64 盒式	台	0.1000
03-5-2-52	光分路器安装 1：128 盒式	台	0.2000
03-5-2-54	光分路器安装 1：4 插片式	台	0.1000
03-5-2-56	光分路器安装 1：16 插片式	台	0.1000
03-5-2-58	光分路器安装 1：64 插片式	台	0.1000
03-5-2-59	光分路器安装 1：128 插片式	台	0.2000

七、线 缆 敷 设

工作内容：线缆敷设。

定 额 编 号			B-2-2-20	B-2-2-21	B-2-2-22	B-2-2-23
项 目			非屏蔽双绞线缆	大对数电缆		
			4 对以下	25 对以下	50 对以下	100 对以下
			100m	100m	100m	100m
预算定额编号	预算定额名称	预算定额单位	数 量			
03-5-2-75	管内穿线 非屏蔽双绞线 4 对以下	100m	0.5000			
03-5-2-76	管内穿线 非屏蔽双绞线 25 对以下	100m		0.5000		
03-5-2-77	管内穿线 非屏蔽双绞线 50 对以下	100m			0.5000	
03-5-2-78	管内穿线 非屏蔽双绞线 100 对以下	100m				0.5000
03-5-2-96	线槽配线 非屏蔽双绞线 4 对以下	100m	0.5000			
03-5-2-97	线槽配线 非屏蔽双绞线 25 对以下	100m		0.5000		
03-5-2-98	线槽配线 非屏蔽双绞线 50 对以下	100m			0.5000	
03-5-2-99	线槽配线 非屏蔽双绞线 100 对以下	100m				0.5000

工作内容： 线缆敷设。

定 额 编 号			B-2-2-24	B-2-2-25	B-2-2-26	B-2-2-27
项 目			大对数电缆		光缆	
			200 对以下	200 对以上	外径≤5mm	外径≤10mm
			100m	100m	100m	100m
预算定额编号	预算定额名称	预算定额单位	数 量			
03-5-2-79	管内穿线 非屏蔽双绞线 200 对以下	100m	0.5000			
03-5-2-80	管内穿线 非屏蔽双绞线 200 对以上	100m		0.5000		
03-5-2-81	管内穿线 光缆 外径≤5mm 无铠装	100m			0.2500	
03-5-2-82	管内穿线 光缆 外径≤10mm 无铠装	100m				0.2500
03-5-2-86	光缆 外径≤5mm 铠装	100m			0.2500	
03-5-2-87	管内穿线 光缆 外径≤10mm 铠装	100m				0.2500
03-5-2-100	线槽配线 非屏蔽双绞线 200 对以下	100m	0.5000			
03-5-2-101	线槽配线 非屏蔽双绞线 200 对以上	100m		0.5000		
03-5-2-102	线槽配线 光缆 外径≤5mm 无铠装	100m			0.5000	
03-5-2-103	线槽配线 光缆 外径≤10mm 无铠装	100m				0.2500
03-5-2-107	线槽配线 光缆 外径≤10mm 铠装	100m				0.2500

工作内容： 线缆敷设。

定 额 编 号			B-2-2-28	B-2-2-29	B-2-2-30	B-2-2-31
项 目			光缆			铜芯电缆
			外径≤16mm	外径≤25mm	外径>25mm	外径≤5mm
			100m	100m	100m	100m
预算定额编号	预算定额名称	预算定额单位	数 量			
03-5-2-83	管内穿线 光缆 外径≤16mm 无铠装	100m	0.2500			
03-5-2-84	管内穿线 光缆 外径≤25mm 无铠装	100m		0.2500		
03-5-2-85	管内穿线 光缆 外径>25mm 无铠装	100m			0.2500	
03-5-2-88	管内穿线 光缆 外径≤16mm 铠装	100m	0.2500			
03-5-2-89	管内穿线 光缆 外径≤25mm 铠装	100m		0.2500		
03-5-2-90	管内穿线 光缆 外径>25mm 铠装	100m			0.2500	
03-5-2-91	管内穿线 铜芯电缆 外径≤5mm	100m				0.5000
03-5-2-104	线槽配线 光缆 外径≤16mm 无铠装	100m	0.2500			
03-5-2-105	线槽配线 光缆 外径≤25mm 无铠装	100m		0.2500		
03-5-2-106	线槽配线 光缆 外径>25mm 无铠装	100m			0.2500	
03-5-2-108	线槽配线 光缆 外径≤16mm 铠装	100m	0.2500			
03-5-2-109	线槽配线 光缆 外径≤25mm 铠装	100m		0.2500		
03-5-2-110	线槽配线 光缆 外径>25mm 铠装	100m			0.2500	
03-5-2-111	线槽配线 铜芯电缆 外径≤5mm	100m				0.5000

工作内容：线缆敷设。

定 额 编 号			B-2-2-32	B-2-2-33	B-2-2-34	B-2-2-35
项 目			铜芯电缆			
			外径≤10mm	外径≤16mm	外径≤25mm	外径＞25mm
			100m	100m	100m	100m
预算定额编号	预算定额名称	预算定额单位	数 量			
03-5-2-92	管内穿线 铜芯电缆 外径≤10mm	100m	0.5000			
03-5-2-93	管内穿线 铜芯电缆 外径≤16mm	100m		0.5000		
03-5-2-94	管内穿线 铜芯电缆 外径≤25mm	100m			0.5000	
03-5-2-95	管内穿线 铜芯电缆 外径＞25mm	100m				0.5000
03-5-2-112	线槽配线 铜芯电缆 外径≤10mm	100m	0.5000			
03-5-2-113	线槽配线 铜芯电缆 外径≤16mm	100m		0.5000		
03-5-2-114	线槽配线 铜芯电缆 外径≤25mm	100m			0.5000	
03-5-2-115	线槽配线 铜芯电缆 外径＞25mm	100m				0.5000

工作内容：线缆敷设。

定 额 编 号			B-2-2-36	B-2-2-37	B-2-2-38	B-2-2-39
项 目			光缆直埋敷设			
			外径≤10mm	外径≤16mm	外径≤25mm	外径＞25mm
			100m	100m	100m	100m
预算定额编号	预算定额名称	预算定额单位	数 量			
03-5-2-125	直埋敷设 光缆 外径≤10mm 铠装	100m	1.0000			
03-5-2-126	直埋敷设 光缆 外径≤16mm 铠装	100m		1.0000		
03-5-2-127	直埋敷设 光缆 外径≤25mm 铠装	100m			1.0000	
03-5-2-128	直埋敷设 光缆 外径＞25mm 铠装	100m				1.0000

八、信息点支路配管配线

工作内容：配管、配线、接线盒安装。

定　额　编　号			B-2-2-40	B-2-2-41	B-2-2-42	B-2-2-43
项　目			住宅			非住宅
			PVC 阻燃塑料管	紧定(扣压)式薄壁钢管	焊接钢管	PVC 阻燃塑料管
			终端	终端	终端	终端
预算定额编号	预算定额名称	预算定额单位	数　　量			
03-4-11-160	暗配 塑料管 公称直径 20mm 以内	100m	0.0500			0.0600
03-4-11-8	紧定式钢导管敷设 暗配 公称直径 20mm 以内	100m		0.0500		
03-4-11-57	焊接钢管敷设 暗配 钢管 公称直径 20mm 以内	100m			0.0500	
03-5-2-75	管内穿线 非屏蔽双绞线 4 对以下	100m	0.0800	0.0800	0.0800	
03-5-2-96	线槽配线 非屏蔽双绞线 4 对以下	100m				0.6000
03-4-11-398	暗装 灯头盒、接线盒安装	10 个	0.1000	0.1000	0.1000	0.1000

工作内容：配管、配线、接线盒安装。

定　额　编　号			B-2-2-44	B-2-2-45	B-2-2-46
项　目			非住宅		
			紧定(扣压)式薄壁钢管	焊接钢管	镀锌钢管
			终端	终端	终端
预算定额编号	预算定额名称	预算定额单位	数　　量		
03-4-11-8	紧定式钢导管敷设 暗配 公称直径 20mm 以内	100m	0.0600		
03-4-11-57	焊接钢管敷设 暗配 钢管 公称直径 20mm 以内	100m		0.0600	
03-4-11-105	暗配 镀锌钢管 公称直径 20mm 以内	100m			0.0600
03-5-2-96	线槽配线 非屏蔽双绞线 4 对以下	100m	0.6000	0.6000	0.6000
03-4-11-398	暗装 灯头盒、接线盒安装	10 个	0.1000	0.1000	0.1000

第三章　建筑设备管理系统

说　　明

一、本章包括楼宇自控系统和能耗监测系统。

二、本章不包括以下工作内容,应执行其他章中相关定额项目:

(一)各类弱电线缆、光缆的敷设、测试,跳线的制作、安装,执行本册定额第二章相关定额项目。

(二)本系统中用到的服务器、工作站、软件、网络设备等项目执行本册定额第一章相关定额项目。

三、楼宇自控系统相关说明:

(一)其他控制器安装,适用于独立控制器、压差控制器、温度/湿度控制器、变风量控制器、气动输出模块、风机盘管温控器、房间空气压力控制器。

(二)传感器、变送器安装,适用于风管温度传感器、风管湿度传感器、风管温、湿度传感器、室内壁挂式温度传感器、室内壁挂式湿度传感器、室内壁挂式温、湿度传感器、室外壁挂式温度传感器、室外壁挂式湿度传感器、室外壁挂式温、湿度传感器、浸入式温度传感器、风道空气质量传感器、风道烟感探测器、风道气体探测器、室内壁挂式空气质量传感器、室内壁挂式气体传感器、风速传感器、防霜冻开关、空气压差开关、风管静压变送器、水道压力传感器、水道压差传感器、液体流量开关、静压/压差变送器、液位开关、静压液位变送器、液位计、电流变送器、电压变送器、功率因数变送器、相位角变送器、有功功率/无功功率变送器、有功电度变送器、无功电度变送器、频率变送器、光照度传感器等安装;工作内容包括本体安装、金属软管安装、接线盒安装、接线、调试。

(三)流量计安装,适用于电磁流量计、涡流流量计、超声波流量计、弯管流量计、转子流量计;工作内容包括本体安装、金属软管安装、接线盒安装、接线、调试。

(四)阀门执行器安装电动调节阀,适用于电动二通调节阀和电动三通调节阀执行器安装;工作内容包括本体安装、接线、金属软管安装、接线盒安装、调试。

四、能耗监测系统相关说明:

(一)计量装置,适用于远传水表、数字电表、远传燃气表和数字能量表。

(二)能耗数据采集设备,适用于电力载波能耗数据采集器、总线制能耗数据采集器、以太网能耗数据采集器和无限型能耗数据采集器。

工程量计算规则

一、控制网络通信设备、控制器及控制箱等安装,按设计图示数量计算,以"台"为计量单位。

二、传感器、变送器安装,按设计图示数量计算,以"支"为计量单位。

三、流量计安装,按设计图示数量计算,以"台"为计量单位。

四、阀门执行器安装,按设计图示数量计算,以"个"为计量单位。

五、楼宇自控中央管理系统调试、试运行,以"系统"为计量单位。

六、能耗计量装置、能耗数据采集设备及能耗数据传输设备,按设计图示数量计算,以"台"或"块"为计量单位。

七、能耗分项计量系统调试、试运行,以"系统"为计量单位。

第一节 定额消耗量

一、楼宇自控系统

工作内容： 本体安装、接线、调试。

定 额 编 号			B-2-3-1	B-2-3-2	B-2-3-3	B-2-3-4
项 目			控制网络通信设备安装		控制器及控制箱	
			控制网分支器	控制网适配器	网络主控器	控制器DDC安装
名 称		单位	台	台	台	台
人工	00050101 综合人工 安装	工日	0.0800	0.3400	2.0300	1.9200
材料	Z30131121 跳线	根			(1.0000)	
	Z30155111 网络适配器	套		(1.0000)		
	Z30156111 网络分支器	套	(1.0000)			
	Z30170851 控制器(DDC)	套				(1.0000)
	Z30170861 网络主控器	套			(1.0000)	
机械	98051150 数字万用表 PF-56	台班			0.6000	0.5200
	98470225 对讲机 一对	台班			2.0000	1.8400

工作内容：1，2. 本体安装、接线、调试。
　　　　　3. 本体安装、接线、接地、调试、标识。
　　　　　4. 本体安装、金属软管安装、接线盒安装、接线、调试。

定　额　编　号			B-2-3-5	B-2-3-6	B-2-3-7	B-2-3-8
项　　目			控制器及控制箱			传感器、变送器安装
			扩展模块	其他控制器安装	控制箱	
名　　称		单位	台	台	台	支
人工	00050101	综合人工 安装	工日	0.6740	0.2500	2.5860	0.5270
材料	Z22610701	其他控制器安装	套		(1.0000)		
	Z30170121	传感器、变送器安装	套				(1.0000)
	Z30170831	扩展模块	套	(1.0000)			
	01291901	钢板垫板	kg			0.2000	
	02130209	聚氯乙烯带（PVC） 宽度 20×40m	卷			0.0400	
	03011119	木螺钉 M4×40 以下	10 个		0.4100		0.4100
	03012129	自攻螺钉 M6×30	个	6.1200			
	03018172	膨胀螺栓（钢制）M8	套			6.1200	
	03018807	塑料膨胀管（尼龙胀管）M6～8	个				4.1200
	03130113	电焊条 J422 φ2.5	kg			0.1500	
	03210203	硬质合金冲击钻头 φ6～8	根				0.0400
	03210209	硬质合金冲击钻头 φ10～12	根				0.0280
	13010115	酚醛调和漆	kg			0.0700	
	14090611	电力复合酯 一级	kg			0.4100	
	28010430	软铜绞线 7/1.33mm²	kg			0.2500	
	29060811	金属软管	m				0.8240
	29062212	金属软管接头 DN20	个				2.1424
	29090214	铜接线端子 DT-10	个			2.0300	
	29110201	接线盒	个				1.0200
	80060211	干混抹灰砂浆 DP M5.0	m³				0.0003
	X0045	其他材料费	%	5.0100	8.0000	2.5000	5.5800
机械	98051150	数字万用表 PF-56	台班	0.1300	0.0800		0.0400
	98230300	示波器 V1050F	台班	0.3200			
	98430420	数字温度计 2575-10	台班		0.1000		0.0500
	98470225	对讲机 一对	台班	0.8400			
	99250010	交流弧焊机 21kV·A	台班			0.0930	

工作内容：本体安装、金属软管安装、接线盒安装、接线、调试。

定 额 编 号			B-2-3-9	B-2-3-10	B-2-3-11	B-2-3-12
项 目			流量计安装	阀门执行器安装		
				电动二通阀 ≤DN25	电动调节阀 ≤DN50	电动调节阀 ≤DN100
名 称		单位	台	个	个	个
人工	00050101 综合人工 安装	工日	1.3970	0.3050	0.9090	1.9270
材料	Z24130502 流量计	套	(1.0000)			
	02130312 聚四氟乙烯带(生料带) 宽度25	m	0.4000			
	03130101 电焊条	kg			0.4600	0.6600
	14390101 氧气	m³	0.3400			
	14390302 乙炔气	kg	0.1100			
	18151212 镀锌活接头 DN20	个		0.4000		
	18151213 镀锌活接头 DN25	个		0.6000		
	20010002 钢制法兰 DN50	片			2.6000	
	20010004 钢制法兰 DN100	片				2.6000
	29060811 金属软管	m	0.8240	0.8240	0.8240	0.8240
	29062212 金属软管接头 DN20	个	2.1424	2.1424	2.1424	2.1424
	29110201 接线盒	个	1.0200	1.0200	1.0200	1.0200
	80060211 干混抹灰砂浆 DP M5.0	m³	0.0003	0.0003	0.0003	0.0003
	X0045 其他材料费	%	6.6500	5.5000	5.0700	5.0700
机械	98051150 数字万用表 PF-56	台班	0.0200	0.1300	0.6000	1.3200
	98450030 超声波流量计 AJ854	台班	0.5000			
	99250005 电焊机	台班			0.2000	0.3000

工作内容：本体安装、金属软管安装、接线盒安装、接线、调试。

定 额 编 号			B-2-3-13	B-2-3-14	B-2-3-15	B-2-3-16
项 目			阀门执行器安装			
			电动调节阀 ≤DN200	电动蝶阀 ≤DN100	电动蝶阀 ≤DN250	电动蝶阀 ≤DN400
名 称		单位	个	个	个	个
人工	00050101 综合人工 安装	工日	2.6570	2.0470	3.7470	4.7970
材料	03130101 电焊条	kg	0.8280	0.2500	0.3500	0.4600
	20010004 钢制法兰 DN100	片		2.0000		
	20010006 钢制法兰 DN200	片	2.6000			
	20010007 钢制法兰 DN250	片			2.0000	
	20010008 钢制法兰 DN300	片				2.0000
	29060811 金属软管	m	0.8240	0.8240	0.8240	0.8240
	29062212 金属软管接头 DN20	个	2.1424	2.1424	2.1424	2.1424
	29110201 接线盒	个	1.0200	1.0200	1.0200	1.0200
	80060211 干混抹灰砂浆 DP M5.0	m³	0.0003	0.0003	0.0003	0.0003
	X0045 其他材料费	%	5.0200	5.0400	5.0200	5.0100
机械	98051150 数字万用表 PF-56	台班	2.3000	0.1400	0.1400	0.1400
	99250005 电焊机	台班	0.3600	0.1000	0.1500	0.2000

工作内容：1. 本体安装、金属软管安装、接线盒安装、接线、调试。
2,3,4. 系统调试。

定 额 编 号				B-2-3-17	B-2-3-18	B-2-3-19	B-2-3-20
项 目				阀门执行器安装	楼宇自控系统调试		
				电动风阀	≤512点	≤1024点	>1024点
							每增加64点
	名 称		单位	个	系统	系统	系统
人工	00050101	综合人工 安装	工日	0.9570	14.8500	17.5500	2.7000
材料	Z22531201	电动组合风阀	只	(1.0000)			
	29060811	金属软管	m	0.8240			
	29062212	金属软管接头 DN20	个	2.1424			
	29110201	接线盒	个	1.0200			
	80060211	干混抹灰砂浆 DP M5.0	m³	0.0003			
	X0045	其他材料费	%	5.6900			
机械	98050340	兆欧表 3311	台班	0.1300			
	98051150	数字万用表 PF-56	台班	0.1400			
	98370890	便携式计算机	台班		4.0000	5.0000	0.8000
	98470225	对讲机 一对	台班	0.8000			

工作内容：试运行。

定 额 编 号				B-2-3-21
项 目				楼宇自控系统试运行
	名 称		单位	系统
人工	00050101	综合人工 安装	工日	27.0000
机械	98051150	数字万用表 PF-56	台班	30.0000
	98370890	便携式计算机	台班	30.0000
	98470225	对讲机 一对	台班	30.0000

二、能耗监测系统

工作内容： 1. 本体安装、金属软管安装、接线盒安装、接线、调试。
2，3. 本体安装、接线、调试。
4. 系统调试。

	定　额　编　号		B-2-3-22	B-2-3-23	B-2-3-24	B-2-3-25
	项　目		能耗计量装置	能耗数据采集设备	能耗数据传输设备	能耗分项计量系统调试
					串口服务器	≤100 块仪表
	名　称	单位	块	台	台	系统
人工	00050101　综合人工 安装	工日	0.4970	0.9540	0.1760	7.1000
材料	Z24060141　能耗数据采集器	套		(1.0000)		
	Z30152014　串口服务器	套			(1.0000)	
	01210211　等边角钢 40×4	kg		3.7200	3.3000	
	03014216　镀锌六角螺栓连母垫 M8×30	10 套		0.4100	0.4100	
	03018173　膨胀螺栓(钢制) M10	套		6.1200	6.1200	
	03210209　硬质合金冲击钻头 φ10~12	根		0.0600	0.0600	
	04010614　普通硅酸盐水泥 P·O 32.5 级	kg	0.1500			
	04030123　黄砂 中粗	m³	0.0003			
	25610431　导轨(电气专用) 20~30cm	根	1.0000			
	29060811　金属软管	m	0.8240			
	29062212　金属软管接头 DN20	个	2.1424			
	29110201　接线盒	个	1.0200			
	X0045　其他材料费	%	5.8400	8.0000	8.0000	
机械	98051150　数字万用表 PF-56	台班	0.0100	0.2000	0.2000	1.0000

工作内容： 1. 系统调试。
2. 试运行。

	定　额　编　号		B-2-3-26	B-2-3-27
	项　目		能耗分项计量系统调试	能耗分项计量系统试运行
			>100 块仪表	
			每增加 50 块	
	名　称	单位	系统	系统
人工	00050101　综合人工 安装	工日	2.3700	18.9000
机械	98051150　数字万用表 PF-56	台班	1.0000	15.0000
	98370890　便携式计算机	台班		10.0000
	98470225　对讲机 一对	台班		10.0000

第二节　定额含量

一、楼宇自控系统

工作内容： 本体安装、接线、调试。

定　额　编　号			B-2-3-1	B-2-3-2	B-2-3-3	B-2-3-4
项　　目			控制网络通信设备安装		控制器及控制箱	
			控制网分支器	控制网适配器	网络主控器	控制器DDC安装
			台	台	台	台
预算定额编号	预算定额名称	预算定额单位	数　　量			
03-5-3-43	控制网络通信设备安装 控制网分支器	台	1.0000			
03-5-3-44	控制网络通信设备安装 控制网适配器	台		1.0000		
03-5-3-48	控制器(DDC)安装 >60点	台			1.0000	
03-5-3-47	控制器(DDC)安装 ≤60点	台				0.4000
03-5-3-48	控制器(DDC)安装 >60点	台				0.6000
03-5-2-64	跳线安装 不同机柜间	根			1.0000	

工作内容： 1,2. 本体安装、接线、调试。

3. 本体安装、接线、接地、调试、标识。

4. 本体安装、金属软管安装、接线盒安装、接线、调试。

定　额　编　号			B-2-3-5	B-2-3-6	B-2-3-7	B-2-3-8
项　　目			控制器及控制箱			传感器、变送器安装
			扩展模块	其他控制器安装	控制箱	
			台	台	台	支
预算定额编号	预算定额名称	预算定额单位	数　　量			
03-5-3-49	控制器(DDC)安装 扩展模块 ≤12点	台	0.4000			
03-5-3-50	控制器(DDC)安装 扩展模块 ≤24点	台	0.6000			
03-5-3-56	其他控制器安装	台		1.0000		
03-4-12-268	DDC控制箱	台			1.0000	
03-5-3-66	传感器、变送器安装	支				1.0000
03-4-11-218	金属软管敷设 管径20mm以内 每根长1000mm以内	10m				0.0800
03-4-11-398	暗装 灯头盒、接线盒安装	10个				0.1000

工作内容： 本体安装、金属软管安装、接线盒安装、接线、调试。

定 额 编 号			B-2-3-9	B-2-3-10	B-2-3-11	B-2-3-12
项 目			流量计安装	阀门执行器安装		
				电动二通阀 ≤DN25	电动调节阀 ≤DN50	电动调节阀 ≤DN100
			台	个	个	个
预算定额 编号	预算定额 名称	预算定额 单位	数 量			
03-5-3-94	流量计	台	1.0000			
03-5-3-104	阀门执行器安装 电动二通阀 ≤DN20	个		0.4000		
03-5-3-105	阀门执行器安装 电动二通阀 ≤DN25	个		0.6000		
03-5-3-106	阀门执行器安装 电动二通调节阀 ≤DN50	个			0.4000	
03-5-3-107	阀门执行器安装 电动二通调节阀 ≤DN100	个				0.4000
03-5-3-109	阀门执行器安装 电动三通调节阀 ≤DN50	个			0.6000	
03-5-3-110	阀门执行器安装 电动三通调节阀 ≤DN100	个				0.6000
03-4-11-218	金属软管敷设 管径 20mm 以内 每根长 1000mm 以内	10m	0.0800	0.0800	0.0800	0.0800
03-4-11-398	暗装 灯头盒、接线盒安装	10 个	0.1000	0.1000	0.1000	0.1000

工作内容： 本体安装、金属软管安装、接线盒安装、接线、调试。

定 额 编 号			B-2-3-13	B-2-3-14	B-2-3-15	B-2-3-16
项 目			阀门执行器安装			
			电动调节阀 ≤DN200	电动蝶阀 ≤DN100	电动蝶阀 ≤DN250	电动蝶阀 ≤DN400
			个	个	个	个
预算定额 编号	预算定额 名称	预算定额 单位	数 量			
03-5-3-108	阀门执行器安装 电动二通调节阀 ≤DN200	个	0.4000			
03-5-3-111	阀门执行器安装 电动三通调节阀 ≤DN200	个	0.6000			
03-5-3-112	阀门执行器安装 电动蝶阀 ≤DN100	个		1.0000		
03-5-3-113	阀门执行器安装 电动蝶阀 ≤DN250	个			1.0000	
03-5-3-114	阀门执行器安装 电动蝶阀 ≤DN400	个				1.0000
03-4-11-218	金属软管敷设 管径 20mm 以内 每根长 1000mm 以内	10m	0.0800	0.0800	0.0800	0.0800
03-4-11-398	暗装 灯头盒、接线盒安装	10 个	0.1000	0.1000	0.1000	0.1000

工作内容: 1. 本体安装、金属软管安装、接线盒安装、接线、调试。
2,3,4. 系统调试。

定　额　编　号			B-2-3-17	B-2-3-18	B-2-3-19	B-2-3-20
项　目			阀门执行器安装	楼宇自控系统调试		
			电动风阀	≤512 点	≤1024 点	>1024 点 每增加 64 点
			个	系统	系统	系统
预算定额编号	预算定额名称	预算定额单位	数　量			
03-5-3-115	阀门执行器安装 电动风阀	个	1.0000			
03-5-3-118	楼宇自控系统调试 ≤512 点	系统		1.0000		
03-5-3-119	楼宇自控系统调试 ≤1024 点	系统			1.0000	
03-5-3-120	楼宇自控系统调试 >1024 点 每增加 64 点	系统				1.0000
03-4-11-218	金属软管敷设 管径 20mm 以内 每根长 1000mm 以内	10m	0.0800			
03-4-11-398	暗装 灯头盒、接线盒安装	10 个	0.1000			

工作内容: 试运行。

定　额　编　号			B-2-3-21
项　目			楼宇自控系统试运行
			系统
预算定额编号	预算定额名称	预算定额单位	数　量
03-5-3-121	楼宇自控系统试运行	系统	1.0000

二、能耗监测系统

工作内容：1. 本体安装、金属软管安装、接线盒安装、接线、调试。
2,3. 本体安装、接线、调试。
4. 系统调试。

定 额 编 号			B-2-3-22	B-2-3-23	B-2-3-24	B-2-3-25
项 目			能耗计量装置	能耗数据采集设备	能耗数据传输设备	能耗分项计量系统调试
					串口服务器	≤100 块仪表
			块	台	台	系统
预算定额编号	预算定额名称	预算定额单位	数 量			
03-5-3-15	能耗计量装置 电子式电能计量装置 多功能电力仪表	块	1.0000			
03-5-3-32	能耗数据采集设备 电力载波能耗数据采集器	台		0.2000		
03-5-3-33	能耗数据采集设备 总线制能耗数据采集器	台		0.2000		
03-5-3-34	能耗数据采集设备 以太网能耗数据采集器	台		0.4000		
03-5-3-35	能耗数据采集设备 无线型能耗数据采集器	台		0.2000		
03-5-3-36	能耗数据传输设备 串口服务器 ≤4 口	台			0.2000	
03-5-3-37	能耗数据传输设备 串口服务器 ≤8 口	台			0.2000	
03-5-3-38	能耗数据传输设备 串口服务器 ≤16 口	台			0.2000	
03-5-3-39	能耗数据传输设备 串口服务器 ≤32 口	台			0.4000	
03-5-3-40	能耗分项计量系统调试 ≤100 块仪表	系统				1.0000
03-4-11-218	金属软管敷设 管径 20mm 以内 每根长 1000mm 以内	10m	0.0800			
03-4-11-398	暗装 灯头盒、接线盒安装	10 个	0.1000			

工作内容：1. 系统调试。
2. 试运行。

定 额 编 号			B-2-3-26	B-2-3-27
项 目			能耗分项计量系统调试	能耗分项计量系统试运行
			>100 块仪表	
			每增加 50 块	
			系统	系统
预算定额编号	预算定额名称	预算定额单位	数 量	
03-5-3-41	能耗分项计量系统调试 >100 块仪表 每增加 50 块	系统	1.0000	
03-5-3-42	能耗分项计量系统试运行	系统		1.0000

第四章　有线电视、卫星接收系统工程

说　　明

一、本章包括卫星天线及接收设备、干线设备、分配网络、系统调试及试运行、电视支路配管配线。

二、本章定额不包括以下工作内容,应执行其他章中相关定额项目:

(一)同轴电缆敷设、跳线安装、光分路器安装,执行本册定额第二章相关定额项目。

(二)监控设备安装,执行本册定额第六章相关定额项目。

(三)电视墙架、操作台,执行本册定额第六章相关定额项目。

三、卫星天线及接收设备,工作内容包括卫星天线及高频头安装调试、地面接收设备安装调试、前端传输系统设备等安装调试。

四、干线放大器、电源供应器、缆桥交换机、分配放大器、分支器、分配器安装,综合考虑了室内安装和架空安装两种敷设方式。

五、有线电视、卫星接收系统干支线划分:由设备箱至分线箱的管、线为干线,其他为支路管线。

六、电视支路管线敷设按住宅和非住宅分类,工作内容包括配管、线缆、用户终端盒及接线盒安装。其中住宅电视支路管线是按住宅用户综合弱电箱安装在户内考虑的,住宅用户综合弱电箱安装在户外的执行非住宅电视支路管线敷设子目。定额中包含的线缆是按视频同轴电缆编制的。

工程量计算规则

一、天线安装,区分天线种类、安装高度,按设计图示数量计算,以"副"为计量单位。

二、干线设备安装,按设计图示数量计算,以"台"为计量单位。

三、分支器、分配器、衰减器、滤波器、机上变换器及机顶盒安装等,按设计图示数量计算,以"个"为计量单位。

四、分配放大器安装,按设计图示数量计算,以"台"为计量单位。

五、系统调试分放大器联动调试和用户终端调试两部分。放大器调试应区分信号通道,按设计图示放大器数量,以"台"为计量单位。用户终端调试,按设计图示终端数量计算,以"个"为计量单位计算。

六、电视支路管线敷设分住宅与非住宅类,区分配管材质,按设计图示用户终端盒数量计算,以"终端"为计量单位。

第一节 定额消耗量

一、卫星天线及接收设备

工作内容： 卫星天线及高频头安装调试，地面接收设备安装调试，前端传输系统设备等安装调试。

定 额 编 号			B-2-4-1	B-2-4-2	B-2-4-3	B-2-4-4
项 目			C 波段卫星天线及高频头安装调试			Ku 波段卫星天线及高频头安装调试
			3.2m 以下	4.5m 以下	6m 以下	
名 称		单位	副	副	副	副
人工	00050101 综合人工 安装	工日	19.0265	21.1600	26.2045	18.3860
机械	98010250 罗盘	台班	1.6000	5.5000	3.0000	1.0000
	98051150 数字万用表 PF-56	台班	4.6000	5.5000	6.0000	3.5000
	98090440 场强仪 RR3A	台班	7.3000	7.3000	7.3000	7.3000
	98150030 光时域反射仪	台班	3.9200	3.9200	3.9200	3.9200
	98150090 光功率计 ML9001A	台班	4.8000	4.8000	4.8000	4.8000
	98250010 频谱分析仪 1776	台班	6.0000	6.0000	6.0000	5.0000
	98250265 频谱仪 3G	台班	0.5000	0.5000	0.5000	0.5000
	98390530 彩色监视器 14″	台班	6.4000	6.4000	6.4000	6.4000
	98470225 对讲机 一对	台班	1.6000	2.5000	3.0000	1.0000
	99091460 电动卷扬机 单筒慢速 30kN	台班		1.0000	2.0000	

二、干线设备

工作内容： 本体安装、接线、接入电源、调试。

定 额 编 号			B-2-4-5	B-2-4-6	B-2-4-7
项 目			干线放大器	电源供应器	缆桥交换机
名 称		单位	台	台	台
人工	00050101 综合人工 安装	工日	1.3080	0.8220	2.3880
材料	03152508 镀锌铁丝 8#～12#	kg	0.0060		
机械	98051150 数字万用表 PF-56	台班	0.5600	0.5600	0.5000
	98090440 场强仪 RR3A	台班	0.5600		0.5000
	98250010 频谱分析仪 1776	台班	0.5600		0.5000

三、分 配 网 络

工作内容：本体安装、接线、接头、调试。

定 额 编 号				B-2-4-8	B-2-4-9	B-2-4-10	B-2-4-11
项 目				过电流分支器、分配器安装	分配放大器	分支器、分配器安装	衰减器、滤波器安装
名 称			单位	个	台	个	个
人工	00050101	综合人工 安装	工日	0.2400	1.2960	0.1828	0.0400
材料	03011119	木螺钉 M4×40 以下	10个		0.1640	0.1640	0.4100
	03018807	塑料膨胀管（尼龙胀管）M6～8	个		1.6320	1.6320	4.0800
	03210203	硬质合金冲击钻头 φ6～8	根		0.0160	0.0160	0.0400
机械	98051150	数字万用表 PF-56	台班	0.2000	0.8000	0.0800	0.0500
	98090440	场强仪 RR3A	台班	0.2000	0.8000	0.0800	0.0500

工作内容：本体安装、接线、接头、调试。

定 额 编 号				B-2-4-12
项 目				机上变换器、机顶盒安装
名 称			单位	个
人工	00050101	综合人工 安装	工日	0.4000
机械	98051150	数字万用表 PF-56	台班	0.0500
	98090440	场强仪 RR3A	台班	0.0500

四、系统调试及试运行

工作内容：1, 2. 系统调试。
　　　　3. 试运行。

定 额 编 号				B-2-4-13	B-2-4-14	B-2-4-15
项 目				信号接收系统,放大器联调	用户终端调试	试运行
名 称			单位	台	个	系统
人工	00050101	综合人工 安装	工日	0.3780	0.0400	24.0000
机械	98051150	数字万用表 PF-56	台班	0.2600	0.2000	10.0000
	98090440	场强仪 RR3A	台班	0.2600	0.3000	10.0000
	98250010	频谱分析仪 1776	台班	0.1600	0.2000	10.0000
	98390530	彩色监视器 14″	台班	0.2600	0.3000	

五、电视支路配管配线

工作内容：配管、线缆、用户终端盒、接线盒安装。

	定额编号			B-2-4-16	B-2-4-17	B-2-4-18	B-2-4-19
				住宅			非住宅
	项目			PVC阻燃塑料管	紧定(扣压)式薄壁钢管	焊接钢管	PVC阻燃塑料管
	名称		单位	终端	终端	终端	终端
人工	00050101	综合人工 安装	工日	0.6653	0.5653	0.8418	1.2850
材料	Z28110108	铜芯电缆 外径≤10mm	m	(12.1000)	(12.1000)	(12.1000)	(66.0000)
	Z29060011	焊接钢管(电管) DN20	m			(10.3000)	
	Z29060312	紧定式镀锌钢导管 DN20	m		(10.3000)		
	Z29060601	聚氯乙烯易弯电线管 DN20	m	(10.6000)			(10.6000)
	Z30113001	电视插座	个	(1.0100)	(1.0100)	(1.0100)	(1.0100)
	01030117	钢丝 φ1.6～2.6	kg	0.0143	0.0143	0.0143	
	01090110	圆钢 φ5.5～9	kg			0.0730	
	03130114	电焊条 J422 φ3.2	kg			0.0690	
	03152513	镀锌铁丝 14#～16#	kg	0.0250	0.0280	0.0660	0.0250
	03152516	镀锌铁丝 18#～22#	kg	0.0230			0.0230
	13050511	醇酸防锈漆 C53-1	kg			0.0810	
	14050111	溶剂油 200#	kg			0.0210	
	14090611	电力复合酯 一级	kg		0.0100		
	14411801	胶粘剂	kg	0.0080			0.0080
	18031112	钢制外接头 DN20	个			1.6480	
	29061412	紧定式螺纹盒接头 DN20	个		1.8540		
	29061632	紧定式直管接头 DN20	个		1.7510		
	29062112	易弯塑料管入盒接头及锁扣 DN20	个	3.4480			3.4480
	29062513	锁紧螺母(钢管用) M20	个			1.5450	
	29063212	塑料护口(电管用) DN20	个			1.5450	
	29063412	易弯塑料管管接头 DN20	只	1.6670			1.6670
	29110201	接线盒	个	1.0200	1.0200	1.0200	1.0200
	34130112	塑料扁形标志牌	个	0.2200	0.2200	0.2200	3.6000
	80060211	干混抹灰砂浆 DP M5.0	m³	0.0003	0.0003	0.0003	0.0003
	X0045	其他材料费	%	3.8500	1.7300	4.7600	3.5000
机械	99250010	交流弧焊机 21kV·A	台班			0.0350	

工作内容：配管、线缆、用户终端盒、接线盒安装。

定 额 编 号			B-2-4-20	B-2-4-21	B-2-4-22
项 目			非住宅		
			紧定(扣压)式薄壁钢管	焊接钢管	镀锌钢管
名 称		单位	终端	终端	终端
人工	00050101 综合人工 安装	工日	1.1850	1.4615	1.3130
材料	Z28110108 铜芯电缆 外径≤10mm	m	(66.0000)	(66.0000)	(66.0000)
	Z29060011 焊接钢管（电管）DN20	m		(10.3000)	
	Z29060031 镀锌焊接钢管（电管）DN20	m			(10.3000)
	Z29060312 紧定式镀锌钢导管 DN20	m	(10.3000)		
	Z30113001 电视插座	个	(1.0100)	(1.0100)	(1.0100)
	01090110 圆钢 φ5.5～9	kg		0.0730	
	03130114 电焊条 J422 φ3.2	kg		0.0690	
	03152513 镀锌铁丝 14#～16#	kg	0.0280	0.0660	0.0660
	13050201 铅油	kg			0.1000
	13050511 醇酸防锈漆 C53-1	kg		0.0810	
	14050111 溶剂油 200#	kg		0.0210	
	14090611 电力复合酯 一级	kg	0.0100		
	18031112 钢制外接头 DN20	个		1.6480	
	29061212 镀锌电管外接头 DN20	个			1.6020
	29061412 紧定式螺纹盒接头 DN20	个	1.8540		
	29061632 紧定式直管接头 DN20	个	1.7510		
	29062513 锁紧螺母（钢管用）M20	个		1.5450	
	29062552 镀锌锁紧螺母 M20	个			4.1240
	29063212 塑料护口（电管用）DN20	个		1.5450	4.1240
	29110201 接线盒	个	1.0200	1.0200	1.0200
	29175212 镀锌地线夹 φ20	套			6.4060
	34130112 塑料扁形标志牌	个	3.6000	3.6000	3.6000
	80060211 干混抹灰砂浆 DP M5.0	m³	0.0003	0.0003	0.0003
	X0045 其他材料费	%	1.6200	4.7300	3.5400
机械	99250010 交流弧焊机 21kV·A	台班		0.0350	

第二节　定额含量

一、卫星天线及接收设备

工作内容：卫星天线及高频头安装调试，地面接收设备安装调试，前端传输系统设备等安装调试。

定　额　编　号			B-2-4-1	B-2-4-2	B-2-4-3	B-2-4-4
项　　目			C 波段卫星天线及高频头安装调试			Ku 波段卫星天线及高频头安装调试
			3.2m 以下	4.5m 以下	6m 以下	
			副	副	副	副
预算定额编号	预算定额名称	预算定额单位	数　　量			
03-5-5-1	C 波段卫星天线及高频头安装 2m 以下	副	0.4000			
03-5-5-2	C 波段卫星天线及高频头安装 3.2m 以下	副	0.6000			
03-5-5-3	C 波段卫星天线及高频头安装 4.5m 以下	副		1.0000		
03-5-5-4	C 波段卫星天线及高频头安装 6m 以下	副			1.0000	
03-5-5-5	Ku 波段卫星天线及高频头安装	副				1.0000
03-5-5-6	C 波段卫星天线调试 2m 以下	副	0.4000			
03-5-5-7	C 波段卫星天线调试 3.2m 以下	副	0.6000			
03-5-5-8	C 波段卫星天线调试 4.5m 以下	副		1.0000		
03-5-5-9	C 波段卫星天线调试 6m 以下	副			1.0000	
03-5-5-10	Ku 波段卫星天线及高频头调试	副				1.0000
03-5-5-12	卫星地面站接收设备 功分器安装	个	5.0000	5.0000	5.0000	5.0000
03-5-5-15	卫星地面站接收设备 数字卫星接收机安装	台	1.0000	1.0000	1.0000	1.0000
03-5-5-20	解码器、解压器	台	10.0000	10.0000	10.0000	10.0000
03-5-5-44	光传输设备安装 光端机 数字光发机	台	1.0000	1.0000	1.0000	1.0000
03-5-5-45	光传输设备安装 接收机 室内安装	台	0.4000	0.4000	0.4000	0.4000
03-5-5-46	光传输设备安装 接收机 室外架空	台	0.6000	0.6000	0.6000	0.6000
03-5-5-47	光传输设备安装 光放大器	台	1.0000	1.0000	1.0000	1.0000

二、干 线 设 备

工作内容： 本体安装、接线、接入电源、调试。

定 额 编 号			B-2-4-5	B-2-4-6	B-2-4-7
项 目			干线放大器	电源供应器	缆桥交换机
			台	台	台
预算定额编号	预算定额名称	预算定额单位	数 量		
03-5-5-50	干线放大器 室内安装	台	0.4000		
03-5-5-51	干线放大器 架空安装	台	0.6000		
03-5-5-52	电源供应器 地面安装	台		0.4000	
03-5-5-53	电源供应器 架空安装	台		0.6000	
03-5-5-54	缆桥交换机 室内安装	台			0.4000
03-5-5-55	缆桥交换机 架空安装	台			0.6000

三、分 配 网 络

工作内容： 本体安装、接线、接头、调试。

定 额 编 号			B-2-4-8	B-2-4-9	B-2-4-10	B-2-4-11
项 目			过电流分支器、分配器安装	分配放大器	分支器、分配器安装	衰减器、滤波器安装
			个	台	个	个
预算定额编号	预算定额名称	预算定额单位	数 量			
03-5-5-56	过电流分支器、分配器安装	只	1.0000			
03-5-5-57	分配放大器 室内安装	台		0.4000		
03-5-5-58	分配放大器 架空安装	台		0.6000		
03-5-5-60	分支器、分配器室内安装	只			0.4000	
03-5-5-62	分支器、分配器室外安装	只			0.6000	
03-5-5-63	衰减器、滤波器安装	只				1.0000

工作内容： 本体安装、接线、接头、调试。

定 额 编 号			B-2-4-12
项 目			机上变换器、机顶盒安装
			个
预算定额编号	预算定额名称	预算定额单位	数 量
03-5-5-64	机上变换器、机顶盒安装	只	1.0000

四、系统调试及试运行

工作内容：1,2. 系统调试。

3. 试运行。

定 额 编 号			B-2-4-13	B-2-4-14	B-2-4-15
项 目			信号接收系统，放大器联调	用户终端调试	试运行
			台	个	系统
预算定额编号	预算定额名称	预算定额单位	数 量		
03-5-5-65	信号接收系统 放大器联调 单向传输	台	0.4000		
03-5-5-66	信号接收系统 放大器联调 双向传输	台	0.6000		
03-5-5-67	信号接收系统 用户终端调试	个		1.0000	
03-5-5-68	信号接收系统 试运行	系统			1.0000

五、电视支路配管配线

工作内容：配管、线缆、用户终端盒、接线盒安装。

定 额 编 号			B-2-4-16	B-2-4-17	B-2-4-18	B-2-4-19
项 目			住宅			非住宅
			PVC阻燃塑料管	紧定(扣压)式薄壁钢管	焊接钢管	PVC阻燃塑料管
			终端	终端	终端	终端
预算定额编号	预算定额名称	预算定额单位	数 量			
03-4-11-160	暗配 塑料管 公称直径 20mm以内	100m	0.1000			0.1000
03-4-11-8	紧定式钢导管敷设 暗配 公称直径 20mm以内	100m		0.1000		
03-4-11-57	焊接钢管敷设 暗配 钢管 公称直径 20mm以内	100m			0.1000	
03-5-2-92	管内穿线 铜芯电缆 外径≤10mm	100m	0.1100	0.1100	0.1100	
03-5-2-112	线槽配线 铜芯电缆 外径≤10mm	100m				0.6000
03-5-2-14	电视插座安装 明装	只	1.0000	1.0000	1.0000	1.0000
03-4-11-398	暗装 灯头盒、接线盒安装	10个	0.1000	0.1000	0.1000	0.1000

工作内容：配管、线缆、用户终端盒、接线盒安装。

定　额　编　号			B-2-4-20	B-2-4-21	B-2-4-22
项　　目			非住宅		
			紧定(扣压)式薄壁钢管	焊接钢管	镀锌钢管
			终端	终端	终端
预算定额编号	预算定额名称	预算定额单位	数　　量		
03-4-11-8	紧定式钢导管敷设 暗配 公称直径 20mm 以内	100m	0.1000		
03-4-11-57	焊接钢管敷设 暗配 钢管 公称直径 20mm 以内	100m		0.1000	
03-4-11-105	暗配 镀锌钢管 公称直径 20mm 以内	100m			0.1000
03-5-2-112	线槽配线 铜芯电缆 外径≤10mm	100m	0.6000	0.6000	0.6000
03-5-2-14	电视插座安装 明装	只	1.0000	1.0000	1.0000
03-4-11-398	暗装 灯头盒、接线盒安装	10个	0.1000	0.1000	0.1000

第五章　音频、视频系统工程

说　　明

一、本章包括扩声系统、背景音乐系统和视频系统。

二、本章不包括以下内容，应执行其他章中相关定额项目：

（一）传输线缆的敷设。

（二）机柜安装。

三、扩声系统相关说明：

（一）信号源设备，适用于信号源设备——有线传声器、无线传声器、遥控传声器、MP3、CD、VCD、DVD播放器、调谐器、录放音机、舞台接口箱安装。

（二）均衡器等，适用于均衡器、压限器、激励器、噪声门、延时器、反馈抑制器、音频解嵌器、降噪器、分配器、切换器、变调器、分频器、效果器、阻抗匹配器、数据接收单元、内部音频通信、定压变压器、监听检测盘、时序电源控制器和电源定时器（程序控制）安装。

（三）音频终端设备工作内容包括金属软管安装、接线、本体安装调试。其中，扬声器（嵌入式、吊装式）适用于嵌入式扬声器和吊装扬声器安装；扬声器（摆放、挂壁、吸顶）适用于音柱及小号筒、音柱及大号角、可寻址音箱（带解码器）、网络化IP音箱（带网络接口）、摆放式扬声器、壁挂扬声器、吸顶扬声器和草地扬声器安装；线阵列扬声器适用于线阵列扬声器安装。

（四）广播系统配管配线，工作内容包括主、分干线的配管、配线及接线盒安装。

四、背景音乐系统相关说明：

背景音乐设备寻呼台站、市话接口设备、监听器、强插器等，适用于背景音乐设备中的寻呼台站、市话接口设备、监听器、强插器、线路故障检测器、可编程定时器、主备切换器、报警信号发生器、可寻址终端、网络化终端安装。

五、视频系统相关说明：

视频监视器适用于等离子（PDP）监视器、LCD、LED监视器安装。

工程量计算规则

一、信号源设备，按设计图示数量计算，以"台"为计量单位。

二、信号处理与放大设备（定制界面除外），区分不同功能及种类，分别按设计图示数量计算，以"台"为计量单位。定制界面，按设计图示数量计算，以"套"为计量单位。

三、音频终端设备，区分不同种类名称及安装方式，分别按设计图示数量计算，以"个"为计量单位。

四、广播系统配管配线，区分配管材质，按设计图示扬声器数量计算，以"终端"为计量单位。

五、背景音乐设备，区分不同功能及种类，分别按设计图示数量计算，以"台"为计量单位。

六、监视器，按设计图示数量计算，以"台"为计量单位。

七、等离子、液晶拼接屏单元，按设计图示数量计算，以"块"为计量单位。

八、LED显示屏，区分室外、室内，按设计屏幕面积计算，以"m²"为计量单位。

九、系统调试、系统试运行，以"系统"为计量单位。

第一节 定额消耗量

一、扩声系统

工作内容： 本体安装、接线、设备连接、调试。

定 额 编 号				B-2-5-1	B-2-5-2	B-2-5-3	B-2-5-4
项 目				信号源设备	信号处理与放大设备		
					前置放大器	自动混音台	模拟调音台
名 称			单位	台	台	台	台
人工	00050101	综合人工 安装	工日	0.4055	1.1700	0.7200	8.0370
机械	98051150	数字万用表 PF-56	台班	0.0950	0.1600	0.1000	0.6000

工作内容： 本体安装、接线、设备连接、调试。

定 额 编 号				B-2-5-5	B-2-5-6	B-2-5-7	B-2-5-8
项 目				信号处理与放大设备			
				数字调音台	均衡器等	功放	数字音频信号处理器
名 称			单位	台	台	台	台
人工	00050101	综合人工 安装	工日	13.4100	0.6700	0.7440	2.7500
机械	98051150	数字万用表 PF-56	台班	1.1300	0.1000	0.0900	0.2000
	98370890	便携式计算机	台班	1.1300			0.5000

工作内容： 本体安装、接线、设备连接、调试。

定 额 编 号				B-2-5-9	B-2-5-10	B-2-5-11	B-2-5-12
项 目				信号处理与放大设备			
				模拟音频矩阵切换器	数字音频、光纤矩阵切换器	媒体矩阵控制主机、影院解码器、监听功放	集中智能控制器、集中控制触摸屏
名 称			单位	台	台	台	台
人工	00050101	综合人工 安装	工日	2.0900	4.0800	2.2160	3.0600
机械	98051150	数字万用表 PF-56	台班	0.1000		0.3700	0.4800
	98150175	测试仪	台班		2.6800		
	98370890	便携式计算机	台班		3.4800		2.2000

工作内容： 1,2. 本体安装、接线、设备连接、调试。
　　　　　　 3,4. 本体安装、接线、金属软管安装、调试。

定　额　编　号		单位	B-2-5-13	B-2-5-14	B-2-5-15	B-2-5-16
项　目			信号处理与放大设备		音频终端设备	
			集中控制触摸屏界面编制	音频工作站	扬声器	
			定制界面		嵌入式吊装式	摆放式、壁挂式、吸顶式
名　称			套	台	个	个
人工	00050101　综合人工 安装	工日	9.0000	5.4000	1.1560	0.5160
材料	03018172　膨胀螺栓（钢制）M8	套				2.8560
	03018173　膨胀螺栓（钢制）M10	套				0.8160
	03210203　硬质合金冲击钻头 φ6～8	根				0.0280
	03210209　硬质合金冲击钻头 φ10～12	根				0.0080
	29060811　金属软管	m			0.8240	0.8240
	29062212　金属软管接头 DN20	个			2.1424	2.1424
	X0045　其他材料费	%			5.5000	4.0100
机械	98051150　数字万用表 PF-56	台班		1.0000	0.1275	0.2160
	98250010　频谱分析仪 1776	台班		0.5000		
	98270270　声源 B&K4224	台班		0.5000	0.2500	0.1600
	98370890　便携式计算机	台班	9.0000			
	99091715　电动葫芦 单速 1t	台班			0.1750	

工作内容： 1. 本体安装、接线、金属软管安装、调试。
　　　　　　 2. 本体安装、接线、调试。
　　　　　　 3,4. 系统调试。

定　额　编　号		单位	B-2-5-17	B-2-5-18	B-2-5-19	B-2-5-20
项　目			音频终端设备		扩声系统调试	
			线阵列扬声器	防爆音箱	≤100 点	>100 点
						每增加 50 点
名　称			个	个	系统	系统
人工	00050101　综合人工 安装	工日	4.7560	0.1800	7.2000	2.7000
材料	01071012　钢索 φ≤10	m	26.0000			
	03015776　花篮螺栓 M16	套	3.2000			
	03015778　花篮螺栓 M20	套	12.0000			
	03018173　膨胀螺栓（钢制）M10	套		4.0800		
	03210209　硬质合金冲击钻头 φ10～12	根		0.0400		
	29060811　金属软管	m	0.8240			
	29062212　金属软管接头 DN20	个	2.1424			
	X0045　其他材料费	%	0.1500			
机械	98051150　数字万用表 PF-56	台班	0.8000	0.1000	3.0000	1.5000
	98260070　声级计 PAS5633	台班			2.0000	1.0000
	98270260　建筑声学测量仪 B&K4418	台班			2.0000	1.0000
	98270270　声源 B&K4224	台班		0.1000	5.0000	2.0000
	98370890　便携式计算机	台班			1.0000	1.0000
	98470225　对讲机 一对	台班			3.0000	1.5000
	99091830　平台作业升降车	台班	1.0000			

工作内容： 1. 试运行。

2,3. 配管、配线、接线盒安装。

	定 额 编 号		B-2-5-21	B-2-5-22	B-2-5-23
				广播系统配管配线	
	项 目		扩声系统试运行	PVC 阻燃塑料管	紧定(扣压)式薄壁钢管
	名 称	单位	系统	终端	终端
人工	00050101 综合人工 安装	工日	13.5000	0.7193	0.6093
材料	Z28110108 铜芯电缆 外径≤10mm	m		(22.0000)	(22.0000)
	Z29060312 紧定式镀锌钢导管 DN20	m			(11.3300)
	Z29060601 聚氯乙烯易弯电线管 DN20	m		(11.6600)	
	01030117 钢丝 φ1.6～2.6	kg		0.0260	0.0260
	03152513 镀锌铁丝 14#～16#	kg		0.0275	0.0308
	03152516 镀锌铁丝 18#～22#	kg		0.0253	
	14090611 电力复合酯 一级	kg			0.0110
	14411801 胶粘剂	kg		0.0088	
	29061412 紧定式螺纹盒接头 DN20	个			2.0394
	29061632 紧定式直管接头 DN20	个			1.9261
	29062112 易弯塑料管入盒接头及锁扣 DN20	个		3.7928	
	29063412 易弯塑料管管接头 DN20	只		1.8337	
	29110201 接线盒	个		0.3060	0.3060
	34130112 塑料扁形标志牌	个		0.4000	0.4000
	80060211 干混抹灰砂浆 DP M5.0	m³		0.0001	0.0001
	X0045 其他材料费	%		3.1500	1.4700
机械	98051150 数字万用表 PF-56	台班	5.0000		
	98370890 便携式计算机	台班	3.0000		

二、背景音乐系统

工作内容：本体安装、接线、接地、调试。

定额编号				B-2-5-24	B-2-5-25	B-2-5-26	B-2-5-27
项　目				智能网络化公共广播主机	背景音乐设备		
					寻呼台站、市话接口设备、监听器、强插器等	突发公共设备接口主机	分区器、音量控制器
名　　称			单位	台	台	台	台
人工	00050101	综合人工 安装	工日	2.0000	0.6000	2.0000	0.1000
材料	29174011	尼龙扎带 L100～150	根	8.0000			
机械	98051150	数字万用表 PF-56	台班	0.3000	0.1000	0.2000	0.0420
	98370890	便携式计算机	台班	0.4000			

工作内容：1,2. 系统调试。
　　　　　　　3. 试运行。

定额编号				B-2-5-28	B-2-5-29	B-2-5-30
项　目				背景音乐系统分区调试		背景音乐系统试运行
				扬声器数量≤50 台	扬声器数量>50 台	
					增加 5 台	
名　　称			单位	系统	系统	系统
人工	00050101	综合人工 安装	工日	2.4650	0.3400	13.5000
机械	98051150	数字万用表 PF-56	台班	0.6800	0.0500	5.0000
	98070290	标准信号发生器	台班	1.3000	0.2000	
	98370890	便携式计算机	台班			3.0000
	98470225	对讲机 一对	台班	1.6000	0.1000	

三、视 频 系 统

工作内容：本体安装、接线、设备连接、调试。

定 额 编 号			单位	B-2-5-31	B-2-5-32	B-2-5-33	B-2-5-34
项 目				显示终端设备			
				视频监视器		等离子、液晶拼接屏单元	LED室外显示屏
				50″以下	50″以上		
名 称			单位	台	台	块	m²
人工	00050101	综合人工 安装	工日	0.6000	1.0720	2.4000	1.0080
材料	03015225	地脚螺栓 M12×160	套				1.6320
	03018173	膨胀螺栓(钢制) M10	套	4.0800	4.0800	4.0800	0.6120
	03210209	硬质合金冲击钻头 φ10～12	根	0.0400	0.0400	0.0400	0.0060
机械	98051150	数字万用表 PF-56	台班	0.4000	0.4000	0.4000	
	98390220	图像信号发生器 VS14C	台班	0.3000	0.3000	0.3000	
	99070530	载重汽车 5t	台班				0.4000

工作内容：本体安装、接线、设备连接、调试。

定 额 编 号			单位	B-2-5-35
项 目				显示终端设备
				LED室内显示屏
名 称			单位	m²
人工	00050101	综合人工 安装	工日	0.8850
材料	03018173	膨胀螺栓(钢制) M10	套	1.6320
	03018174	膨胀螺栓(钢制) M12	套	1.2240
	03210209	硬质合金冲击钻头 φ10～12	根	0.0280

第二节 定额含量

一、扩声系统

工作内容: 本体安装、接线、设备连接、调试。

定额编号			B-2-5-1	B-2-5-2	B-2-5-3	B-2-5-4
项目			信号源设备	信号处理与放大设备		
				前置放大器	自动混音台	模拟调音台
			台	台	台	台
预算定额编号	预算定额名称	预算定额单位	数量			
03-5-6-1	信号源设备 有线传声器	台	0.1000			
03-5-6-2	信号源设备 无线传声器	台	0.1000			
03-5-6-3	信号源设备 遥控传声器	台	0.2000			
03-5-6-4	信号源设备 MP3、CD、VCD、DVD播放器	台	0.1500			
03-5-6-5	信号源设备 调谐器	台	0.1500			
03-5-6-6	信号源设备 录放音机	台	0.1500			
03-5-6-7	信号源设备 舞台接口箱	台	0.1500			
03-5-6-8	信号处理与放大设备 前置放大器 8路输入以内	台		0.4000		
03-5-6-9	信号处理与放大设备 前置放大器 8路输入以上	台		0.6000		
03-5-6-10	信号处理与放大设备 自动混音台 4路	台			0.4000	
03-5-6-11	信号处理与放大设备 自动混音台 8路	台			0.6000	
03-5-6-12	信号处理与放大设备 模拟调音台 8/2以内	台				0.1500
03-5-6-13	信号处理与放大设备 模拟调音台 12+4/4/2以内	台				0.1500
03-5-6-14	信号处理与放大设备 模拟调音台 16+4/8/2以内	台				0.1500
03-5-6-15	信号处理与放大设备 模拟调音台 24+2/4/2以内	台				0.1500
03-5-6-16	信号处理与放大设备 模拟调音台 32+4/8/2以内	台				0.2000
03-5-6-17	信号处理与放大设备 模拟调音台 32+4/8/2以上	台				0.2000

工作内容：本体安装、接线、设备连接、调试。

定 额 编 号			B-2-5-5	B-2-5-6	B-2-5-7	B-2-5-8
项 目			信号处理与放大设备			
			数字调音台	均衡器等	功放	数字音频信号处理器
			台	台	台	台
预算定额编号	预算定额名称	预算定额单位	数 量			
03-5-6-18	信号处理与放大设备 数字调音台 16 路输入以内	台	0.2000			
03-5-6-19	信号处理与放大设备 数字调音台 32 路输入以内	台	0.2000			
03-5-6-20	信号处理与放大设备 数字调音台 48 路输入以内	台	0.3000			
03-5-6-21	信号处理与放大设备 数字调音台 48 路输入以上	台	0.3000			
03-5-6-26	信号处理与放大设备 均衡器等	台		1.0000		
03-5-6-35	信号处理与放大设备 功放 桥接 单路入、单路出	台			0.1000	
03-5-6-36	信号处理与放大设备 功放 双路入、双路出	台			0.1000	
03-5-6-37	信号处理与放大设备 功放 桥接 双路出入以上	台			0.2000	
03-5-6-38	信号处理与放大设备 功放 带前级	台			0.1500	
03-5-6-39	信号处理与放大设备 功放 定压	台			0.1500	
03-5-6-40	信号处理与放大设备 功放 定压 带优先	台			0.1500	
03-5-6-41	信号处理与放大设备 功放 定压 带分区输出	台			0.1500	
03-5-6-47	信号处理与放大设备 数字音频信号处理器	台				1.0000

工作内容：本体安装、接线、设备连接、调试。

定　额　编　号			B-2-5-9	B-2-5-10	B-2-5-11	B-2-5-12
项　　目			信号处理与放大设备			
			模拟音频矩阵切换器	数字音频、光纤矩阵切换器	媒体矩阵控制主机、影院解码器、监听功放	集中智能控制器、集中控制触摸屏
			台	台	台	台
预算定额编号	预算定额名称	预算定额单位	数　　量			
03-5-6-54	信号处理与放大设备　模拟音频矩阵切换器 8×8 以内	台	0.3000			
03-5-6-55	信号处理与放大设备　模拟音频矩阵切换器 16×16 以内	台	0.3000			
03-5-6-56	信号处理与放大设备　模拟音频矩阵切换器 32×32 以内	台	0.4000			
03-5-6-57	信号处理与放大设备　数字音频、光纤矩阵切换器 8×8 以内	台		0.2000		
03-5-6-58	信号处理与放大设备　数字音频、光纤矩阵切换器 16×16 以内	台		0.2000		
03-5-6-59	信号处理与放大设备　数字音频、光纤矩阵切换器 32×32 以内	台		0.3000		
03-5-6-60	信号处理与放大设备　数字音频、光纤矩阵切换器 32×32 以上	台		0.3000		
03-5-6-67	信号处理与放大设备　媒体矩阵控制主机	台			0.4000	
03-5-6-68	信号处理与放大设备　影院解码器	台			0.3000	
03-5-6-69	信号处理与放大设备　监听功放	台			0.3000	
03-5-6-70	信号处理与放大设备　集中智能控制器	台				0.6000
03-5-6-71	信号处理与放大设备　集中控制触摸屏	台				0.4000

工作内容： 1,2. 本体安装、接线、设备连接、调试。

3,4. 本体安装、接线、金属软管安装、调试。

定 额 编 号			B-2-5-13	B-2-5-14	B-2-5-15	B-2-5-16
项　目			信号处理与放大设备		音频终端设备	
			集中控制触摸屏界面编制	音频工作站	扬声器	
					嵌入式、吊装式	摆放式、壁挂式、吸顶式
			定制界面			
			套	台	个	个
预算定额编号	预算定额名称	预算定额单位	数　量			
03-5-6-72	信号处理与放大设备 集中控制触摸屏界面编制 定制界面	套	1.0000			
03-5-6-73	信号处理与放大设备 音频工作站	台		1.0000		
03-5-6-80	音频终端设备 摆放式扬声器	只				0.2000
03-5-6-81	音频终端设备 嵌入式扬声器	只			0.5000	
03-5-6-82	音频终端设备 壁挂扬声器	只				0.2000
03-5-6-83	音频终端设备 吊装扬声器 ≤5kg	只			0.1500	
03-5-6-84	音频终端设备 吊装扬声器 ≤10kg	只			0.1500	
03-5-6-85	音频终端设备 吊装扬声器 ≤20kg	只			0.2000	
03-5-6-86	音频终端设备 吸顶扬声器 ≤3kg	只				0.2000
03-5-6-87	音频终端设备 吸顶扬声器 >3kg	只				0.2000
03-5-6-90	音频终端设备 草地扬声器	台				0.2000
03-4-11-218	金属软管敷设 管径 20mm 以内 每根长 1000mm 以内	10m			0.0800	0.0800

工作内容：1．本体安装、接线、金属软管安装、调试。
　　　　　　2．本体安装、接线、调试。
　　　　　3、4．系统调试。

定　额　编　号			B-2-5-17	B-2-5-18	B-2-5-19	B-2-5-20
项　目			音频终端设备		扩声系统调试	
			线阵列扬声器	防爆音箱	≤100点	>100点 每增加50点
			个	个	系统	系统
预算定额编号	预算定额名称	预算定额单位	数　量			
03-5-6-88	音频终端设备 线阵列扬声器 8只以内	只	0.4000			
03-5-6-89	音频终端设备 线阵列扬声器 8只以上	只	0.6000			
03-5-6-79	音频终端设备 防爆音箱	只		1.0000		
03-4-11-218	金属软管敷设 管径20mm以内 每根长1000mm以内	10m	0.0800			
03-5-6-91	扩声系统调试 ≤100点	系统			1.0000	
03-5-6-92	扩声系统调试 >100点 每增加50点	系统				1.0000

工作内容：1．试运行。
　　　　　　2、3．配管、配线、接线盒安装。

定　额　编　号			B-2-5-21	B-2-5-22	B-2-5-23
项　目			扩声系统试运行	广播系统配管配线	
				PVC阻燃塑料管	紧定(扣压)式薄壁钢管
			系统	终端	终端
预算定额编号	预算定额名称	预算定额单位	数　量		
03-5-6-93	扩声系统 试运行	系统	1.0000		
03-4-11-160	暗配 塑料管 公称直径20mm以内	100m		0.1100	
03-4-11-8	紧定式钢导管敷设 暗配 公称直径20mm以内	100m			0.1100
03-5-2-92	信号线	100m		0.2000	0.2000
03-4-11-398	暗装 灯头盒、接线盒安装	10个		0.0300	0.0300

二、背景音乐系统

工作内容： 本体安装、接线、接地、调试。

定 额 编 号			B-2-5-24	B-2-5-25	B-2-5-26	B-2-5-27
项 目			智能网络化公共广播主机	背景音乐设备		
				寻呼台站、市话接口设备、监听器、强插器等	突发公共设备接口主机	分区器、音量控制器
			台	台	台	台
预算定额编号	预算定额名称	预算定额单位	数 量			
03-5-6-94	智能网络化公共广播主机	台	1.0000			
03-5-6-96	背景音乐设备 市话接口设备	台		1.0000		
03-5-6-97	背景音乐设备 突发公共事件接口设备	台			1.0000	
03-5-6-98	背景音乐设备 分区器	台				0.6000
03-5-6-105	背景音乐设备 音量控制器	个				0.4000

工作内容： 1、2. 系统调试。
　　　　　　3. 试运行。

定 额 编 号			B-2-5-28	B-2-5-29	B-2-5-30
项 目			背景音乐系统分区调试		背景音乐系统试运行
			扬声器数量≤50 台	扬声器数量 >50 台	
				增加 5 台	
			系统	系统	系统
预算定额编号	预算定额名称	预算定额单位	数 量		
03-5-6-108	背景音乐系统分区调试 扬声器数量 ≤10 台	系统	0.4000		
03-5-6-109	背景音乐系统分区调试 扬声器数量 ≤50 台	系统	0.6000		
03-5-6-110	背景音乐系统分区调试 扬声器数量 >50 台 每增加 5 台	系统		1.0000	
03-5-6-111	背景音乐系统 试运行	系统			1.0000

三、视 频 系 统

工作内容：本体安装、接线、设备连接、调试。

定 额 编 号			B-2-5-31	B-2-5-32	B-2-5-33	B-2-5-34
项　　　目			显示终端设备			
			视频监视器		等离子、液晶 拼接屏单元	LED室外 显示屏
			50″以下	50″以上		
			台	台	块	m²
预算定额 编号	预算定额 名称	预算定额 单位	数　　　量			
03-5-6-159	显示终端设备 LCD、LED 监视器 50″以下 摆放式安装	台	0.2000			
03-5-6-160	显示终端设备 LCD、LED 监视器 50″以下 壁挂式安装	台	0.2000			
03-5-6-161	显示终端设备 LCD、LED 监视器 50″以下 垂直吊装	台	0.3000			
03-5-6-162	显示终端设备 LCD、LED 监视器 50″以下 倾斜吊装	台	0.3000			
03-5-6-163	显示终端设备 LCD、LED 监视器 50″以上 摆放式安装	台		0.2000		
03-5-6-164	显示终端设备 LCD、LED 监视器 50″以上 壁挂式安装	台		0.2000		
03-5-6-165	显示终端设备 LCD、LED 监视器 50″以上 垂直吊装	台		0.3000		
03-5-6-166	显示终端设备 LCD、LED 监视器 50″以上 倾斜吊装	台		0.3000		
03-5-6-167	显示终端设备 等离子、液晶拼接屏单元	块			1.0000	
03-5-6-171	显示终端设备 LED室外显示屏 壁挂式安装	m²				0.3000
03-5-6-172	显示终端设备 LED室外显示屏 基座式安装	m²				0.4000
03-5-6-173	显示终端设备 LED室外显示屏 支架式安装	m²				0.3000

工作内容：本体安装、接线、设备连接、调试。

定　额　编　号			B-2-5-35
项　　目			显示终端设备
			LED 室内显示屏
			m²
预算定额 编号	预算定额 名称	预算定额 单位	数　　量
03-5-6-174	显示终端设备 LED 室内显示屏 壁挂式安装	m²	0.2000
03-5-6-175	显示终端设备 LED 室内显示屏 基座式安装	m²	0.3000
03-5-6-176	显示终端设备 LED 室内显示屏 支架式安装	m²	0.2000
03-5-6-177	显示终端设备 LED 室内显示屏 吊杆式安装	m²	0.3000

第六章　安全防范系统工程

说　　明

一、本章包括视频安防监控系统、入侵报警系统、楼宇对讲系统、安全防范系统联动调试、安全防范系统试运行。

二、本章不包括以下工作内容,应执行其他章册相关定额项目:

(一)本章各系统涉及的配线工程,执行本册定额第二章相关定额项目。

(二)本章各系统涉及的配管工程,执行本定额第一册《电气设备安装工程》相关定额项目。

(三)本章视频安防监控系统中涉及的网络交换设备及管理软件,执行本册定额第一章相关定额项目。

(四)本章各系统所涉及的电源及浪涌保护器安装,执行《上海市安装工程预算定额(SH 02—31—2016)》第五册《建筑智能化工程》相关定额项目;涉及的避雷器及接地装置,执行本定额第一册《电气设备安装工程》相关定额项目。

(五)本章各系统所涉及的系统显示设备(监视器、显示屏等)的安装调试,执行本册定额第五章相关定额项目。

(六)本章设备安装,不包括设备基础的制作与施工。

三、视频安防监控系统相关说明:

(一)摄像机安装,工作内容包括摄像机及附件(镜头、防护罩等)安装及调试,接线盒、金属软管及支架安装。

(二)视频传输设备安装光端机、双绞线视频传输器,适用于光传输设备安装视频光端发射机、接收机和双绞线视频传输设备安装发送器、接收器安装。工作内容包括本体安装、接线、调试。

四、入侵报警系统相关说明:

(一)入侵探测器安装,适用于入侵探测器安装的开关(门磁、窗磁、卷闸、有线式报警、无线式报警、铁门开关、压力开关、行程开关、紧急脚踏开关)及探测器(被动红外、红外幕帘、多技术复合、燃气泄漏、烟感、微波、超声波、驻波、声波、玻璃破碎、振动、微波墙式、次声、无线报警、声控头)安装。工作内容包括本体安装、接线、接线盒安装、调试。

(二)主动红外探测器(1收1发)工作内容包括本体安装、接线、接线盒安装、调试。

(三)激光入侵探测器(1收1发)工作内容包括本体安装、接线、接线盒安装、调试。

(四)激光中继器工作内容包括本体安装、接线、接线盒安装、调试。

五、楼宇对讲系统中楼宇对讲设备安装工作内容均包括接线盒安装、接线、本体安装调试。

工程量计算规则

一、安全防范系统中单台设备的安装、调试,区分不同类别、功能和规格特征,按设计图示数量计算,分别以"台""个""套"为计量单位。

二、系统调试的工作内容包括前端信息的采集、信息的传输、终端控制设备、记录及显示设备、联动设备的全系统检测、调整。视频安防监控系统的系统调试以摄像机的台数计算;入侵报警系统调试以报警控制主机的防区数量计算;楼宇对讲系统除别墅单户调试以"户"为计量单位,其余系统调试均以(系统)为计量单位。

第一节 定额消耗量

一、视频安防监控系统

工作内容：1，3. 本体安装及调试，接线盒及金属软管安装。

2，4. 本体及附件安装及调试，接线盒、金属软管及支架安装。

定 额 编 号				B-2-6-1	B-2-6-2	B-2-6-3	B-2-6-4
项 目				半球型摄像机安装	枪式摄像机安装	电梯轿厢摄像机安装	智能球型摄像机安装
名 称			单位	套	套	套	套
人工	00050101	综合人工 安装	工日	1.3590	2.6480	1.6390	2.7590
材料	03012128	自攻螺钉 M6×25	个	4.0800		4.0800	
	03014216	镀锌六角螺栓连母垫 M8×30	10套		0.4100		
	03014223	镀锌六角螺栓连母垫 M10×40	10套		0.4100		0.4100
	03018173	膨胀螺栓(钢制) M10	套		4.0800		4.0800
	03210209	硬质合金冲击钻头 φ10～12	根		0.0400		0.0400
	29060811	金属软管	m	0.5150	0.5150	0.5150	0.5150
	29060819	金属软管 DN20	m		0.8000		
	29062212	金属软管接头 DN20	个	2.2900	2.2900	2.2900	2.2900
	29110201	接线盒	个	1.0200	1.0200	1.0200	1.0200
	80060211	干混抹灰砂浆 DP M5.0	m³	0.0003	0.0003	0.0003	0.0003
	X0045	其他材料费	％	5.6400	5.1000	5.6400	1.8300
机械	98051150	数字万用表 PF-56	台班	0.2500	0.2500	0.3500	0.2000
	98390290	电视测试信号发生器 CC5361	台班	0.3500	0.3500	0.3500	0.3500
	98390530	彩色监视器 14″	台班	0.5000	0.5000	0.5000	0.3000
	98470225	对讲机 一对	台班	0.4000	0.4000	0.9000	0.4000

工作内容：1. 本体安装、接线、接地。

　　　　　　2,4. 本体安装、接线、调试。

　　　　　　3. 本体安装、接线。

定　额　编　号			B-2-6-5	B-2-6-6	B-2-6-7	B-2-6-8
项　目			摄像机立杆安装	视频传输设备安装 光端机、双绞线视频传输器	控制键盘	高清解码器
名　称		单位	根	台	台	台
人工	00050101	综合人工　安装	工日	1.9920	1.0480	0.2800	2.4210
材料	Z33012571	钢支架立杆	套	(1.0000)			
	03014216	镀锌六角螺栓连母垫 M8×30	10套				0.3280
	03014223	镀锌六角螺栓连母垫 M10×40	10套	0.4100			
	03015228	地脚螺栓 M14×120	套	4.0800			
机械	98051150	数字万用表 PF-56	台班		0.5100		0.5600
	98190230	光可变衰减器 1310/1550mm	台班		0.1100		
	98230300	示波器 V1050F	台班				0.5600
	98320290	通信性能分析仪 2Mb/s～2.5Gb/s	台班		0.2450		
	99070530	载重汽车 5t	台班	0.1000			

工作内容：1,2,3. 本体安装、接线、单机调试。

　　　　　　4. 本体安装、接线、调试。

定　额　编　号			B-2-6-9	B-2-6-10	B-2-6-11	B-2-6-12
项　目			网络视频录像机		视频存储扩展阵列	存储硬盘
			≤16 盘位	≤48 盘位		
名　称		单位	台	台	台	个
人工	00050101	综合人工　安装	工日	2.2420	11.5900	3.8250	0.2900
材料	28030515	铜芯聚氯乙烯软线 BVR-6mm²	m	2.0400	2.0400	3.0600	
	29090213	铜接线端子 DT-6	个	2.0400	2.0400	3.0600	
机械	98051150	数字万用表 PF-56	台班	0.8000	0.9200		0.1000
	98370890	便携式计算机	台班	1.6580	4.2000	1.8000	
	98390290	电视测试信号发生器 CC5361	台班	1.0000	1.0000		
	99090680	手动液压叉车	台班	0.3000	1.3800		

工作内容：1. 本体安装、接线、单机调试。
　　　　　2. 本体安装、接线、调试。
　　　　　3,4. 本体安装、接线、接地。

定　额　编　号			B-2-6-13	B-2-6-14	B-2-6-15	B-2-6-16
项　　目			光盘库		操作台安装	电视墙架安装
			光盘匣 ≤16个	光盘匣 ≤32个		
名　　称		单位	台	台	工位	m²
人工	00050101	综合人工 安装	工日	3.6800	8.5000	0.7600	0.8500
材料	28030515	铜芯聚氯乙烯软线 BVR-6mm²	m	2.0400	2.0400		0.2040
	29090213	铜接线端子 DT-6	个	2.0400	2.0400		0.2040
	03018174	膨胀螺栓（钢制）M12	套			4.0800	
	03210209	硬质合金冲击钻头 φ10～12	根			0.0400	
机械	98050580	接地电阻测试仪 3150	台班				0.0100
	98370890	便携式计算机	台班	0.4800	0.9000		

二、入侵报警系统

工作内容：本体安装、接线、接线盒安装、调试。

定　额　编　号			B-2-6-17	B-2-6-18	B-2-6-19	B-2-6-20
项　　目			入侵探测器安装	主动红外探测器（1收1发）	激光入侵探测器（1收1发）	激光中继器
名　　称		单位	套	套	套	套
人工	00050101	综合人工 安装	工日	0.2210	0.7220	1.6580	0.4510
材料	03011119	木螺钉 M4×40 以下	10个	0.4100	0.4100	0.4100	0.4100
	03012127	自攻螺钉 M5×25	个		8.1600		
	03018171	膨胀螺栓（钢制）M6	套			4.0800	
	03018807	塑料膨胀管（尼龙胀管）M6～8	个	4.1200	4.1200	4.1200	4.1200
	03210203	硬质合金冲击钻头 φ6～8	根	0.0400	0.0400	0.0400	0.0400
	29110201	接线盒	个	1.0200	2.0400	2.0400	1.0200
	80060211	干混抹灰砂浆 DP M5.0	m³	0.0003	0.0006	0.0006	0.0003
	X0045	其他材料费	％	7.5200	2.2800	5.1200	1.8700
机械	98051150	数字万用表 PF-56	台班	0.1000	0.1500	0.7600	0.3000

工作内容： 1. 本体安装、调试。
　　　　　　 2、3. 电缆敷设。
　　　　　　 4. 本体安装、接线、调试。

定　额　编　号			B-2-6-21	B-2-6-22	B-2-6-23	B-2-6-24
项　　目			周界入侵探测器安装			
			泄漏电缆探测器/振动探测器	泄漏电缆沿围墙敷设	泄漏电缆埋地敷设	电子围栏附属物上安装
名　　称		单位	套	100m	1000m	10m
人工	00050101	综合人工 安装	工日	1.1400	5.3200	19.0000	0.6720
材料	Z28250201	光缆	m		(100.5000)	(1005.0000)	
	03011119	木螺钉 M4×40 以下	10 个	0.8300			0.4100
	03012127	自攻螺钉 M5×25	个				4.0800
	03018807	塑料膨胀管（尼龙胀管）M6~8	个	8.2400			4.1200
	03152513	镀锌铁丝 14#~16#	kg			0.8000	
	03210203	硬质合金冲击钻头 φ6~8	根	0.0800			0.0400
	04271501	混凝土标桩	个			9.1800	
	29173501	电线卡子	个		126.2500		
	34130101	标志牌	个	2.0400			
	X0045	其他材料费	%		3.0100	3.0000	
机械	98051150	数字万用表 PF-56	台班	0.2000			0.6000

工作内容： 本体安装、接线、调试。

定　额　编　号			B-2-6-25	B-2-6-26	B-2-6-27	B-2-6-28
项　　目			周界入侵探测器安装	入侵报警控制设备安装	地址码模块	多线制入侵报警控制器
			电子围栏落地安装	脉冲主机、张力控制器		
名　　称		单位	10m	套	个	台
人工	00050101	综合人工 安装	工日	1.0050	1.1590	0.2140	0.3870
材料	03011119	木螺钉 M4×40 以下	10 个	0.4100			
	03012125	自攻螺钉 M4×20	个		2.4480		
	03012127	自攻螺钉 M5×25	个	4.0800	1.6320	4.0800	
	03014223	镀锌六角螺栓连母垫 M10×40	10 套	0.4100			
	03015228	地脚螺栓 M14×120	套	4.0800			
	03018171	膨胀螺栓（钢制）M6	套		4.0800		4.0800
	03018807	塑料膨胀管（尼龙胀管）M6~8	个	4.1200			
	03210203	硬质合金冲击钻头 φ6~8	根	0.0400	0.0400		0.0400
机械	98051150	数字万用表 PF-56	台班	0.8000	0.6000	0.2000	0.1930
	98230800	双踪多功能示波器 XJ4245	台班				0.2380

工作内容：本体安装、接线、调试。

定 额 编 号			B-2-6-29	B-2-6-30	B-2-6-31	B-2-6-32
项 目			总线制入侵报警控制器		视频报警探测器安装	联动通信接口、模块、主机
			≤64 防区	>64 防区		
名 称		单位	台	台	台	套
人工	00050101 综合人工 安装	工日	0.5310	1.5580	1.1400	0.1900
材料	03011119 木螺钉 M4×40 以下	10 个				0.4100
	03018171 膨胀螺栓(钢制) M6	套	4.0800	4.0800	4.0800	
	03018807 塑料膨胀管(尼龙胀管) M6~8	个				4.0800
	03210203 硬质合金冲击钻头 φ6~8	根	0.0400	0.0400	0.0400	0.0400
机械	98051150 数字万用表 PF-56	台班	0.2640	0.8790	0.4000	0.2000
	98230800 双踪多功能示波器 XJ4245	台班	0.3250	1.0830		

工作内容：本体安装、接线、调试。

定 额 编 号			B-2-6-33	B-2-6-34	B-2-6-35	B-2-6-36
项 目			激光报警控制器	信号中继器、放大器、隔离器	警灯、警铃、警号、声光报警器	网 络 传 输接口
名 称		单位	套	个	个	套
人工	00050101 综合人工 安装	工日	1.1400	0.1900	0.1100	0.3800
材料	03011119 木螺钉 M4×40 以下	10 个			0.4100	
	03012125 自攻螺钉 M4×20	个	4.0800	4.0800		
	03018807 塑料膨胀管(尼龙胀管) M6~8	个			4.0800	
	03210203 硬质合金冲击钻头 φ6~8	根			0.0400	
机械	98051150 数字万用表 PF-56	台班	0.5000	0.1000	0.0500	0.3000

工作内容：系统调试。

定 额 编 号			B-2-6-37	B-2-6-38
项 目			周界报警防区系统调试	住户报警防区系统调试
名 称		单位	防区	防区
人工	00050101 综合人工 安装	工日	0.2800	0.0200
机械	98051150 数字万用表 PF-56	台班		0.0100
	98470225 对讲机 一对	台班		0.0100

三、楼宇对讲系统

工作内容：本体安装、接线、接线盒安装、调试。

定额编号				B-2-6-39	B-2-6-40	B-2-6-41	B-2-6-42
项目				楼宇对讲设备安装			
				室内对讲机	单元门口对讲机	管理机	围墙机
名称			单位	台	台	台	台
人工	00050101	综合人工 安装	工日	0.1910	0.9490	0.8590	1.4150
材料	03018171	膨胀螺栓（钢制）M6	套	4.0800	4.0800		4.0800
	03210203	硬质合金冲击钻头 $\phi6\sim8$	根	0.0400	0.0400		0.0400
	29110201	接线盒	个	1.0200	1.0200	1.0200	1.0200
	80060211	干混抹灰砂浆 DP M5.0	m³	0.0003	0.0003	0.0003	0.0003
	X0045	其他材料费	%	6.1600	4.3100	10.3400	6.4900
机械	98051150	数字万用表 PF-56	台班	0.1500	0.1000	0.1000	0.1000

工作内容：系统调试。

定额编号				B-2-6-43	B-2-6-44	B-2-6-45	B-2-6-46
项目				单元楼系统调试	别墅单户调试	系统联网调试	
						≤500 户	>500 户
							每增加 100 户
名称			单位	系统	户	系统	系统
人工	00050101	综合人工 安装	工日	2.7000	0.1300	9.0000	0.9000
机械	98051150	数字万用表 PF-56	台班	1.2000	0.0800	1.0000	0.5000
	98370890	便携式计算机	台班	0.3000	0.0500	1.0000	0.2000
	98470225	对讲机 一对	台班	1.2000	0.0800	5.0000	1.0000

四、安全防范系统联动调试

工作内容：系统调试。

定 额 编 号				B-2-6-47	B-2-6-48	B-2-6-49	B-2-6-50
项　　目				安全防范系统联动调试			
				≤400点	≤800点	≤1000点	>1000点
							每增加100点
名　　称			单位	系统	系统	系统	系统
人工	00050101	综合人工 安装	工日	22.4000	51.8000	63.0000	5.6000
机械	98051150	数字万用表 PF-56	台班	16.0000	36.0000	50.0000	4.0000
	98370890	便携式计算机	台班	8.0000	18.0000	25.0000	2.0000
	98390530	彩色监视器 14″	台班	8.0000	18.0000	25.0000	2.0000
	98470225	对讲机 一对	台班	16.8000	41.4000	50.0000	4.5000
	98510010	打印机	台班	12.2000	26.2000	35.0000	2.0000

五、安全防范系统试运行

工作内容：试运行。

定 额 编 号				B-2-6-51	B-2-6-52	B-2-6-53
项　　目				视频安防监控系统	入侵报警系统	楼宇对讲系统
名　　称			单位	系统	系统	系统
人工	00050101	综合人工 安装	工日	22.5000	22.5000	22.5000
机械	98051150	数字万用表 PF-56	台班	10.0000	10.0000	10.0000
	98370890	便携式计算机	台班	10.0000	10.0000	10.0000
	98470225	对讲机 一对	台班	20.0000	20.0000	20.0000

第二节　定额含量

一、视频安防监控系统

工作内容：1,3. 本体安装及调试,接线盒及金属软管安装。

2,4. 本体及附件安装及调试,接线盒、金属软管及支架安装。

定　额　编　号			B-2-6-1	B-2-6-2	B-2-6-3	B-2-6-4
项　目			半球型摄像机安装	枪式摄像机安装	电梯轿厢摄像机安装	智能球型摄像机安装
			套	套	套	套
预算定额编号	预算定额名称	预算定额单位	数　量			
03-5-7-4	摄像机安装 半球型摄像机	台	1.0000			
03-5-7-1	摄像机安装 枪式摄像机	台		0.3000		
03-5-7-2	摄像机安装 枪式带镜头摄像机	台		0.3000		
03-5-7-3	摄像机安装 枪式一体化摄像机	台		0.4000		
03-5-7-5	摄像机安装 电梯轿厢摄像机	台			1.0000	
03-5-7-6	摄像机安装 智能球型摄像机	台				1.0000
03-5-7-19	防护罩安装	个		1.0000		
03-5-7-22	摄像机支架安装	个		1.0000		1.0000
03-5-7-70	系统调试 数字摄像机(每台)	系统	1.0000	1.0000	1.0000	1.0000
03-4-11-217	金属软管敷设 管径 20mm 以内 每根长 500mm 以内	10m	0.0500	0.0500	0.0500	0.0500
03-4-11-398	暗装 灯头盒、接线盒安装	10 个	0.1000	0.1000	0.1000	0.1000

工作内容: 1. 本体安装、接线、接地。

2,4. 本体安装、接线、调试。

3. 本体安装、接线。

定 额 编 号			B-2-6-5	B-2-6-6	B-2-6-7	B-2-6-8
项 目			摄像机立杆安装	视频传输设备安装 光端机、双绞线视频传输器	控制键盘	高清解码器
			根	台	台	台
预算定额编号	预算定额名称	预算定额单位	数 量			
03-5-7-24	摄像机立杆安装 ≤3.5m	根	0.4000			
03-5-7-25	摄像机立杆安装 >3.5m	根	0.6000			
03-5-7-28	光传输设备安装 视频光端发射机、接收机 ≤4路	台		0.2000		
03-5-7-29	光传输设备安装 视频光端发射机、接收机 ≤8路	台		0.3000		
03-5-7-30	光传输设备安装 视频光端发射机、接收机 ≤16路	台		0.3000		
03-5-7-31	双绞线视频传输设备安装 发送器、接收器	台		0.2000		
03-5-7-53	视频处理设备安装 控制键盘	台			1.0000	
03-5-7-54	视频处理设备安装 高清解码器 ≤4路	台				0.3000
03-5-7-55	视频处理设备安装 高清解码器 ≤8路	台				0.3000
03-5-7-56	视频处理设备安装 高清解码器 ≤16路	台				0.4000

工作内容： 1,2,3. 本体安装、接线、单机调试。

    4. 本体安装、接线、调试。

定　额　编　号			B-2-6-9	B-2-6-10	B-2-6-11	B-2-6-12
项　　　目			网络视频录像机		视频存储扩展阵列	存储硬盘
			≤16 盘位	≤48 盘位		
			台	台	台	个
预算定额编号	预算定额名称	预算定额单位	数　　　量			
03-5-7-63	图像记录设备安装 网络视频录像机 ≤2 盘位	台	0.2000			
03-5-7-64	图像记录设备安装 网络视频录像机 ≤4 盘位	台	0.2000			
03-5-7-65	图像记录设备安装 网络视频录像机 ≤8 盘位	台	0.3000			
03-5-7-66	图像记录设备安装 网络视频录像机 ≤16 盘位	台	0.3000			
03-5-7-67	图像记录设备安装 网络视频录像机 ≤24 盘位	台		0.4000		
03-5-7-68	图像记录设备安装 网络视频录像机 ≤48 盘位	台		0.6000		
03-5-4-46【系】	存储设备安装 磁盘阵列	台			1.0000	
03-5-1-50	网络存储单元	个				1.0000

工作内容： 1. 本体安装、接线、单机调试。

    2. 本体安装、接线、调试。

    3,4. 本体安装、接线、接地。

定　额　编　号			B-2-6-13	B-2-6-14	B-2-6-15	B-2-6-16
项　　　目			光盘库		操作台安装	电视墙架安装
			光盘匣 ≤16 个	光盘匣 ≤32 个		
			台	台	工位	m²
预算定额编号	预算定额名称	预算定额单位	数　　　量			
03-5-4-42	存储设备安装 光盘库 光盘匣≤4 个	台	0.4000			
03-5-4-43	存储设备安装 光盘库 光盘匣≤16 个	台	0.6000			
03-5-4-44	存储设备安装 光盘库 光盘匣≤32 个	台		1.0000		
03-5-4-40	操作台安装	工位			1.0000	
03-5-4-41	电视墙架安装	m²				1.0000

二、入侵报警系统

工作内容：本体安装、接线、接线盒安装、调试。

定　额　编　号			B-2-6-17	B-2-6-18	B-2-6-19	B-2-6-20
项　　目			入侵探测器安装	主动红外探测器（1收1发）	激光入侵探测器（1收1发）	激光中继器
			套	套	套	套
预算定额编号	预算定额名称	预算定额单位	数　　量			
03-5-7-83	入侵探测器安装 开关、探测器	套	1.0000			
03-5-7-90	入侵探测器安装 探测器 主动红外(1收1发)	套		1.0000		
03-5-7-95	入侵探测器安装 激光入侵探测器 双层双向以内 1收1发	套			0.4000	
03-5-7-96	入侵探测器安装 激光入侵探测器 四层双向以内 1收1发	套			0.6000	
03-5-7-97	入侵探测器安装 激光中继器	套				1.0000
03-4-11-398	暗装 灯头盒、接线盒安装	10 个	0.1000	0.2000	0.2000	0.1000

工作内容：1. 本体安装、调试。

　　　　　　2、3. 电缆敷设。

　　　　　　4. 本体安装、接线、调试。

定　额　编　号			B-2-6-21	B-2-6-22	B-2-6-23	B-2-6-24
项　　目			周界入侵探测器安装			
			泄漏电缆探测器/振动探测器	泄漏电缆沿围墙敷设	泄漏电缆埋地敷设	电子围栏附属物上安装
			套	100m	1000m	10m
预算定额编号	预算定额名称	预算定额单位	数　　量			
03-5-7-100	周界入侵探测器安装 泄漏电缆探测器	套	0.5000			
03-5-7-101	周界入侵探测器安装 振动探测器	套	0.5000			
03-5-7-102	周界入侵探测器安装 泄漏电缆沿围墙敷设	100m		1.0000		
03-5-7-103	周界入侵探测器安装 泄漏电缆埋地敷设	1000m			1.0000	
03-5-7-104	周界入侵探测器安装 脉冲式电子围栏≤6线制 附属物上安装	10m				0.2000
03-5-7-105	周界入侵探测器安装 脉冲式电子围栏>6线制 附属物上安装	10m				0.2000
03-5-7-108	周界入侵探测器安装 张力式电子围栏≤6线制 附属物上安装	10m				0.3000
03-5-7-109	周界入侵探测器安装 张力式电子围栏>6线制 附属物上安装	10m				0.3000

工作内容：本体安装、接线、调试。

定　额　编　号			B-2-6-25	B-2-6-26	B-2-6-27	B-2-6-28
项　　目			周界入侵探测器安装 电子围栏落地安装	入侵报警控制设备安装 脉冲主机、张力控制器	地址码模块	多线制入侵报警控制器
			10m	套	个	台
预算定额编号	预算定额名称	预算定额单位	数　　量			
03-5-7-106	周界入侵探测器安装 脉冲式电子围栏≤14线制 落地式安装	10m	0.2000			
03-5-7-107	周界入侵探测器安装 脉冲式电子围栏＞14线制 落地式安装	10m	0.2000			
03-5-7-110	周界入侵探测器安装 张力式电子围栏≤14线制 落地式安装	10m	0.3000			
03-5-7-111	周界入侵探测器安装 张力式电子围栏＞14线制 落地式安装	10m	0.3000			
03-5-7-112	入侵报警控制设备安装 单防区脉冲主机	套		0.2000		
03-5-7-113	入侵报警控制设备安装 双防区脉冲主机	套		0.2000		
03-5-7-114	入侵报警控制设备安装 单防区张力控制器	套		0.3000		
03-5-7-115	入侵报警控制设备安装 双防区张力控制器	套		0.3000		
03-5-7-118	入侵报警控制设备安装 地址码模块 4防区	只			0.4000	
03-5-7-119	入侵报警控制设备安装 地址码模块 8防区	只			0.6000	
03-5-7-120	入侵报警控制设备安装 多线制入侵报警控制器 ≤8防区	台				0.2000
03-5-7-121	入侵报警控制设备安装 多线制入侵报警控制器 ≤16防区	台				0.2000
03-5-7-122	入侵报警控制设备安装 多线制入侵报警控制器 ≤32防区	台				0.3000
03-5-7-123	入侵报警控制设备安装 多线制入侵报警控制器 ≤64防区	台				0.3000

工作内容:本体安装、接线、调试。

定 额 编 号			B-2-6-29	B-2-6-30	B-2-6-31	B-2-6-32
项 目			总线制入侵报警控制器		视频报警探测器安装	联动通信接口、模块、主机
			≤64 防区	>64 防区		
			台	台	台	套
预算定额编号	预算定额名称	预算定额单位	数 量			
03-5-7-124	入侵报警控制设备安装 总线制入侵报警控制器 ≤8 防区	台	0.2000			
03-5-7-125	入侵报警控制设备安装 总线制入侵报警控制器 ≤16 防区	台	0.2000			
03-5-7-126	入侵报警控制设备安装 总线制入侵报警控制器 ≤32 防区	台	0.3000			
03-5-7-127	入侵报警控制设备安装 总线制入侵报警控制器 ≤64 防区	台	0.3000			
03-5-7-128	入侵报警控制设备安装 总线制入侵报警控制器 ≤128 防区	台		0.3000		
03-5-7-129	入侵报警控制设备安装 总线制入侵报警控制器 ≤256 防区	台		0.3000		
03-5-7-130	入侵报警控制设备安装 总线制入侵报警控制器 >256 防区	台		0.4000		
03-5-7-132	入侵报警控制设备安装 视频报警探测器安装	台			1.0000	
03-5-7-133	入侵报警控制设备安装 联动通信接口、模块、主机	套				1.0000

工作内容:本体安装、接线、调试。

定 额 编 号			B-2-6-33	B-2-6-34	B-2-6-35	B-2-6-36
项 目			激光报警控制器	信号中继器、放大器、隔离器	警灯、警铃、警号、声光报警器	网络传输接口
			套	个	个	套
预算定额编号	预算定额名称	预算定额单位	数 量			
03-5-7-134	入侵报警控制设备安装 激光报警控制器	套	1.0000			
03-5-7-135	入侵报警控制设备安装 信号中继器、放大器、隔离器	只		1.0000		
03-5-7-140	入侵报警信号传输设备安装 警灯、警铃、警号、声光报警器	只			1.0000	
03-5-7-139	入侵报警信号传输设备安装 网络传输接口	套				1.0000

工作内容:系统调试。

定 额 编 号			B-2-6-37	B-2-6-38
项　目			周界报警防区系统调试	住户报警防区系统调试
			防区	防区
预算定额编号	预算定额名称	预算定额单位	数　量	
03-5-7-141	系统调试 周界报警防区	防区	1.0000	
03-5-7-142	系统调试 住户报警防区	防区		1.0000

三、楼宇对讲系统

工作内容:本体安装、接线、接线盒安装、调试。

定 额 编 号			B-2-6-39	B-2-6-40	B-2-6-41	B-2-6-42
项　目			楼宇对讲设备安装			
			室内对讲机	单元门口对讲机	管理机	围墙机
			台	台	台	台
预算定额编号	预算定额名称	预算定额单位	数　量			
03-5-7-143	楼宇对讲设备安装 室内话机 可视对讲式	台	0.6000			
03-5-7-144	楼宇对讲设备安装 室内话机 对讲式	台	0.4000			
03-5-7-145	楼宇对讲设备安装 单元门口机 可视对讲式	台		0.6000		
03-5-7-146	楼宇对讲设备安装 单元门口机 对讲式	台		0.4000		
03-5-7-147	楼宇对讲设备安装 管理机 可视对讲式	套			0.6000	
03-5-7-148	楼宇对讲设备安装 管理机 对讲式	套			0.4000	
03-5-7-149	楼宇对讲设备安装 围墙机 可视对讲式	台				0.6000
03-5-7-150	楼宇对讲设备安装 围墙机 对讲式	台				0.4000
03-4-11-398	暗装 灯头盒、接线盒安装	10个	0.1000	0.1000	0.1000	0.1000

工作内容： 系统调试。

定　额　编　号			B-2-6-43	B-2-6-44	B-2-6-45	B-2-6-46
项　　　目			单元楼系统调试	别墅单户调试	系统联网调试	
					≤500 户	>500 户
						每增加 100 户
			系统	户	系统	系统
预算定额编号	预算定额名称	预算定额单位	数　　　量			
03-5-7-155【系】	单元楼系统调试	系统	1.0000			
03-5-7-157	系统调试 别墅单户调试	户		1.0000		
03-5-7-158	系统调试 系统联网调试≤500 户	系统			1.0000	
03-5-7-159	系统调试 系统联网调试 >500 户每增加 100 户	系统				1.0000

四、安全防范系统联动调试

工作内容： 系统调试。

定　额　编　号			B-2-6-47	B-2-6-48	B-2-6-49	B-2-6-50
项　　　目			安全防范系统联动调试			
			≤400 点	≤800 点	≤1000 点	>1000 点
						每增加 100 点
			系统	系统	系统	系统
预算定额编号	预算定额名称	预算定额单位	数　　　量			
03-5-7-198	安全防范系统联动调试≤200 点	系统	0.4000			
03-5-7-199	安全防范系统联动调试≤400 点	系统	0.6000			
03-5-7-200	安全防范系统联动调试≤600 点	系统		0.4000		
03-5-7-201	安全防范系统联动调试≤800 点	系统		0.6000		
03-5-7-202	安全防范系统联动调试≤1000 点	系统			1.0000	
03-5-7-203	安全防范系统联动调试 >1000 点每增加 100 点	系统				1.0000

五、安全防范系统试运行

工作内容： 试运行。

定　额　编　号			B-2-6-51	B-2-6-52	B-2-6-53
项　　　目			视频安防监控系统	入侵报警系统	楼宇对讲系统
			系统	系统	系统
预算定额编号	预算定额名称	预算定额单位	数　　　量		
03-5-7-204	试运行 视频安防监控系统	系统	1.0000		
03-5-7-205	试运行 入侵报警系统	系统		1.0000	
03-5-7-206	试运行 楼宇对讲系统	系统			1.0000

第七章　智能识别管理系统工程

说　　明

一、本章包括停车库(场)管理系统、车位引导系统和智能卡应用系统。

二、本章包括不包括以下工作内容,应执行其他章册相关定额项目:

(一)本章各系统涉及的配线工程除子目中已综合的内容外,执行本册定额第二章相关定额项目。

(二)本章车辆识别系统中涉及的网络交换设备及管理软件,执行本册定额第一章相关定额项目。

(三)本章各系统所涉及的电源及浪涌保护器安装,执行《上海市安装工程预算定额(SH 02—31—2016)》第五册《建筑智能化工程》相关定额项目;涉及的避雷器及接地装置,执行本定额第一册《电气设备安装工程》相关定额项目。

(四)本章各系统所涉及的系统显示设备(监视器、显示屏等)的安装调试,执行本册定额第五章相关定额项目。

三、停车场管理系统相关说明:

(一)停车库(场)管理系统单入口/单出口,工作内容包括单通道地感线圈车辆探测测器、车道控制机、电动栏杆、车辆牌照识别装置、摄像及附属设备等安装调试,摄像机立杆安装,埋管配线,接线。不包括安全岛砌筑和简易岗亭,实际发生时,安全岛砌筑执行《上海市建筑和装饰工程预算定额(SH 01—31—2016)》相关定额项目,简易岗亭执行《上海市安装工程预算定额(SH 02—31—2016)》第五册《建筑智能化工程》相关定额项目。

(二)出入口设备安装/发卡机、阅读机、自动收款机,适用于磁卡通行券发卡机、IC卡通行券发卡机、非接触式IC卡发卡机、通行券自动发券机、磁卡通行券阅读机、非接触式IC卡通行券阅读机、接触式IC卡阅读机、通行券自动阅读机、远距离卡阅读机、临时卡计费器、自动收款机安装。

(三)出入口设备安装/停车计费显示器、语音报价器、紧急报警器,适用于停车计费显示器、语音报价器、紧急报警器安装。

(四)出、入口对讲分机执行本册定额第一章相关定额项目。

四、车位引导系统相关说明:

超声波探测器、车位指示灯,工作内容包括接线盒安装、接线、本体安装调试。

五、智能卡应用系统相关说明:

(一)前端信息采集设备安装/读卡器,适用于键盘、读卡器、一体式门禁读卡器、嵌入式门禁模块、电梯读卡器等前端信息采集设备安装。

(二)前端信息采集设备/消费机、充值机安装,适用于考勤一体机、充值机、消费机等前端信息采集设备安装。

(三)门禁控制设备分单门控制和双门控制,工作内容包括门禁控制器、读卡器、出门按钮、门锁、闭门器、门禁控制箱、电源适配器、接线盒、埋管配线、调试。

六、系统调试的工作内容包括前端信息的采集、信息的传输、终端控制设备、记录及显示设备、联动设备的全系统检测、调整。

工程量计算规则

一、停车场管理系统中,各类设备安装根据不同功能,按设计图示数量计算,以"套"为计量单位。

二、车位引导系统中,超声波探测器、车位指示灯,按设计图示数量计算,以"个"为计量单位。

　　三、车位引导系统中,车位引导前端控制器、车位引导中央控制器,按设计图示数量计算,以"台"为计量单位。

　　四、车位引导系统中,引导屏按设计图示数量计算,以"块"为计量单位。

　　五、智能卡系统中,前端信息采集设备、门禁控制设备(电梯控制器,电梯联动控制器、电梯控制扩展模块、楼层编码器、磁力锁控制器)、中心处理设备等安装,根据设备不同功能,按设计图示数量计算,以"台"为计量单位。

　　六、智能卡系统中,门禁控制设备(单门、双门)、人行通道闸机设备安装,根据设备不同功能,按设计图示数量计算,以"套"为计量单位。

　　七、系统调试和试运行,以"系统"为计量单位。

第一节　定额消耗量

一、停车库(场)管理系统

工作内容: 1. 单通道地感线圈车辆探测测器、车道控制机、电动栏杆、车辆牌照识别装置、摄像及附属设备等安装调试,摄像机立杆安装,埋管配线,接线。
2. 本体安装、接线、调试。
3. 接线、专用键盘安装、本体安装调试。
4. 本体安装、调试。

定额编号			B-2-7-1	B-2-7-2	B-2-7-3	B-2-7-4
项目			停车库(场)管理系统	车辆检测识别设备安装	出入口设备安装	车辆检测识别设备安装
			单入口/单出口	红外车辆识别装置	终端显示器/专用键盘	手动栏杆
名称		单位	套	套	套	套
人工	00050101	综合人工 安装	工日	10.9031	1.9200	0.2400	0.4000
材料	01030117	钢丝 φ1.6～2.6	kg	0.0892			
	03011119	木螺钉 M4×40 以下	10个	0.4100			
	03014216	镀锌六角螺栓连母垫 M8×30	10套	0.4100			
	03014223	镀锌六角螺栓连母垫 M10×40	10套	0.4100			
	03015228	地脚螺栓 M14×120	套	4.0800			
	03018171	膨胀螺栓(钢制) M6	套	4.0800	4.0800		
	03018172	膨胀螺栓(钢制) M8	套	4.0800			
	03018173	膨胀螺栓(钢制) M10	套	6.1200			6.1200
	03018807	塑料膨胀管(尼龙胀管) M6～8	个	4.0800			
	03131901	焊锡	kg	0.0636			
	03131941	焊锡膏 50g/瓶	kg	0.0063			
	03152513	镀锌铁丝 14#～16#	kg	0.0840			
	03210203	硬质合金冲击钻头 φ6～8	根	0.1200	0.0400		
	03210209	硬质合金冲击钻头 φ10～12	根	0.0600			0.0600
	13170291	环氧腻子	kg	3.0000			
	14030101	汽油	kg	0.3180			
	14090611	电力复合酯 一级	kg	0.0300			

(续表)

定 额 编 号			B-2-7-1	B-2-7-2	B-2-7-3	B-2-7-4
项 目			停车库(场)管理系统	车辆检测识别设备安装	出入口设备安装	车辆检测识别设备安装
			单入口/单出口	红外车辆识别装置	终端显示器/专用键盘	手动栏杆
	名 称	单位	套	套	套	套
材料	27170311 黄漆布带 20×40m	卷	0.2070			
	27170416 电气绝缘胶带(PVC) 18×20m	卷	0.2190			
	28030101 绝缘导线 BVR-1.5	m	62.4540			
	28030101-1 绝缘导线 BVR-4	m	3.1227			
	28110108-1 同轴电缆 SYWV-75-5	m	3.3000			
	28110108-2 铜芯塑料线 ZR-RVV3×1.5	m	11.0000			
	28110108-3 RVVP 屏蔽线 2×1.0	m	6.6000			
	28110108-4 RVVP 屏蔽线 4×1.0	m	6.6000			
	28431401 地感线圈线	m	30.6000			
	29060312 紧定式镀锌钢导管 DN20	m	30.9000			
	29060819 金属软管 DN20	m	0.8000			
	29061412 紧定式螺纹盒接头 DN20	个	5.5620			
	29061632 紧定式直管接头 DN20	个	5.2530			
	33012571 钢支架立杆	套	1.0000			
	34130112 塑料扁形标志牌	个	0.5000			
	X0045 其他材料费	%	4.5000			
机械	98051150 数字万用表 PF-56	台班	2.9000	1.5000	0.1000	0.2000
	98390530 彩色监视器 14″	台班	0.5000			
	99050870 混凝土切缝机	台班	0.7500			
	99070530 载重汽车 5t	台班	0.1000			
	99071160 电瓶车 2.5t	台班	0.2500			
	99090630 叉式起重机 3t	台班	0.2000			

工作内容：本体安装、接线、调试。

定　额　编　号				B-2-7-5	B-2-7-6	B-2-7-7	B-2-7-8
项　　目				车辆计数器	出入口设备安装		显示和信号设备安装
					发卡机、阅读机、自动收款机	停车计费显示器、语音报价器、紧急报警器	信号灯
名　　　称			单位	套	套	套	套
人工	00050101	综合人工 安装	工日	0.6400	0.6000	0.3600	0.3600
材料	03018171	膨胀螺栓（钢制）M6	套			1.2240	
	03018172	膨胀螺栓（钢制）M8	套			4.4880	
	03018173	膨胀螺栓（钢制）M10	套				4.0800
	03018174	膨胀螺栓（钢制）M12	套	16.3200			
	03018176	膨胀螺栓（钢制）M16	套		1.2240		
	03210135	硬质合金冲击钻头 φ16	根		0.0120		
	03210203	硬质合金冲击钻头 φ6～8	根			0.0560	
	03210209	硬质合金冲击钻头 φ10～12	根	0.1600			0.0400
机械	98051150	数字万用表 PF-56	台班	0.5000	0.2950	0.1400	0.2000
	99071160	电瓶车 2.5t	台班		0.0500		

工作内容：1,2. 系统调试。
　　　　　　3. 试运行。

定　额　编　号				B-2-7-9	B-2-7-10	B-2-7-11
项　　目				系统调试		试运行
				停车场≤2进2出	停车场	停车库（场）管理系统
					每增加一进一出	
名　　　称			单位	系统	系统	系统
人工	00050101	综合人工 安装	工日	2.8000	0.8000	16.0000
机械	98050580	接地电阻测试仪 3150	台班	0.2000	0.1000	
	98051150	数字万用表 PF-56	台班	0.8000	0.4000	5.0000
	98320190	网络测试仪	台班	0.2000	0.1000	
	98370890	便携式计算机	台班			5.0000
	98470225	对讲机 一对	台班	1.5000	0.6000	13.0000

二、车位引导系统

工作内容：1. 本体安装、接线、接线盒安装、调试。
2,3,4. 本体安装、接线、调试。

定 额 编 号			B-2-7-12	B-2-7-13	B-2-7-14	B-2-7-15
项 目			超声波探测器、车位指示灯	车位引导设备安装 车位引导前端控制器、车位引导中央控制器	室外车位引导屏	室内车位引导屏 单向、双向、三向、楼层车位引导屏
名 称		单位	个	台	块	块
人工	00050101	综合人工 安装	工日	0.5910	1.2000	1.7000	0.2400
材料	03012125	自攻螺钉 M4×20	个			4.0800	
	03012129	自攻螺钉 M6×30	个		8.1600		
	03018172	膨胀螺栓（钢制）M8	套				4.0800
	03018173	膨胀螺栓（钢制）M10	套		4.0800		
	03210203	硬质合金冲击钻头 φ6～8	根				0.0400
	03210209	硬质合金冲击钻头 φ10～12	根		0.0400		
	14210101	环氧树脂	kg	0.0400			
	18292913	热熔热缩套管 φ8	m			0.3200	
	29110201	接线盒	个	1.0200			
	80060211	干混抹灰砂浆 DP M5.0	m³	0.0003			
	X0045	其他材料费	%	5.0000	8.0000		
机械	98051150	数字万用表 PF-56	台班	0.3000	0.2000	0.5000	0.1000
	98470225	对讲机 一对	台班		0.8000		
	99050870	混凝土切缝机	台班	0.4000			

工作内容：系统调试。

定 额 编 号			B-2-7-16
项 目			系统调试
名 称		单位	系统
人工	00050101	综合人工 安装	工日	1.6000
机械	98050580	接地电阻测试仪 3150	台班	0.2000
	98370890	便携式计算机	台班	1.0000

三、智能卡应用系统

工作内容： 1,2. 本体安装、接线、接线盒安装、调试。

　　　　　3,4. 门禁控制器、读卡器、出门按钮、门锁、闭门器、门禁控制箱、电源适配器、接线盒、埋管配线、调试。

定 额 编 号			B-2-7-17	B-2-7-18	B-2-7-19	B-2-7-20
项 目			前端信息采集设备安装		门禁控制设备	
			读卡器	消费机、充值机	单门	双门
名 称		单位	台	台	套	套
人工	00050101 综合人工 安装	工日	0.6210	1.6630	4.1876	10.0025
材料	Z29060312 紧定式镀锌钢导管 DN20	m			(36.0500)	(103.0000)
	01030117 钢丝 φ1.6～2.6	kg			0.0546	0.2665
	03012125 自攻螺钉 M4×20	个		2.4480	2.0400	4.0800
	03012127 自攻螺钉 M5×25	个			8.1600	16.3200
	03012137 自攻螺钉 M8×35	个			8.1600	16.3200
	03014223 镀锌六角螺栓连母垫 M10×40	10 套			0.4200	0.8400
	03018171 膨胀螺栓（钢制）M6	套	4.0800		12.2400	18.3600
	03018172 膨胀螺栓（钢制）M8	套			4.0800	4.0800
	03152513 镀锌铁丝 14#～16#	kg			0.0980	0.2800
	03210203 硬质合金冲击钻头 φ6～8	根	0.0400		0.1600	0.2200
	14090611 电力复合酯 一级	kg			0.0350	0.1000
	18292913 热熔热缩套管 φ8	m		0.1920		
	28110108-5 读卡器线 RVVP6×1.0	m			16.5000	77.0000
	28110108-6 门锁线 RVV4×1.0	m			13.2000	71.5000
	28110108-7 出门按钮线 RVV2×1.0	m			16.5000	77.0000
	29061412 紧定式螺纹盒接头 DN20	个			6.4890	18.5400
	29061632 紧定式直管接头 DN20	个			6.1285	17.5100
	29110201 接线盒	个	1.0200	1.0200	3.0600	6.1200
	34130112 塑料扁形标志牌	个			0.8400	4.1000
	80060211 干混抹灰砂浆 DP M5.0	m³	0.0003	0.0003	0.0009	0.0018
	X0045 其他材料费	%	10.3400		4.9100	4.9000
机械	98051150 数字万用表 PF-56	台班	0.2000	0.5000	0.9700	1.7400

工作内容：本体安装、接线、调试。

定 额 编 号			B-2-7-21	B-2-7-22	B-2-7-23	B-2-7-24
项 目			门禁控制设备安装		人行通道闸机设备安装	
			电梯控制器、电梯联动控制器	电梯控制扩展模块、楼层编码器、磁力锁控制器	单机芯人行通道闸机	双机芯人行通道闸机
		名 称	单位	台	台	套	套
人工	00050101	综合人工 安装	工日	1.0200	0.3700	5.1000	8.5000
材料	03012127	自攻螺钉 M5×25	个	2.0400	4.0800		
	03014223	镀锌六角螺栓连母垫 M10×40	10套			0.4100	0.4100
	03015228	地脚螺栓 M14×120	套			4.0800	4.0800
	03018171	膨胀螺栓（钢制）M6	套	2.0400			
	03018172	膨胀螺栓（钢制）M8	套	2.0400			
	03210203	硬质合金冲击钻头 φ6~8	根	0.0400			
机械	98051150	数字万用表 PF-56	台班	0.6000	0.1800	2.0000	2.0000
	98370890	便携式计算机	台班			3.0000	3.0000
	99090630	叉式起重机 3t	台班			0.2000	0.3000

工作内容：1. 本体安装、接线、调试。
     2、3、4. 系统调试。

定 额 编 号			B-2-7-25	B-2-7-26	B-2-7-27	B-2-7-28
项 目			中心处理设备安装	智能卡系统调试		
				智能识别管理系统		电梯控制系统≤5部
			读、写卡机	≤50门	>50门 每增加10门	
		名 称	单位	台	系统	系统	系统
人工	00050101	综合人工 安装	工日	1.7000	12.7500	2.5500	10.0000
机械	98051150	数字万用表 PF-56	台班	0.1000	5.0000	1.0000	5.8000
	98370890	便携式计算机	台班		4.0000	0.8000	4.2000
	98470225	对讲机 一对	台班		5.0000	1.0000	5.8000

工作内容：1、2. 系统调试。
     3. 试运行。

定 额 编 号			B-2-7-29	B-2-7-30	B-2-7-31
项 目			智能卡系统调试		系统试运行
			电梯控制系统>5部 每增加1部	人行通道闸机控制系统（每通道）	智能识别管理系统、电梯控制系统、人行通道闸机控制系统
		名 称	单位	系统	系统	系统
人工	00050101	综合人工 安装	工日	1.5000	1.7000	14.0000
机械	98051150	数字万用表 PF-56	台班	1.2000	1.0000	10.0000
	98370890	便携式计算机	台班	1.0000	0.8000	10.0000
	98470225	对讲机 一对	台班	1.2000	1.0000	12.0000

第二节　定额含量

一、停车库(场)管理系统

工作内容: 1. 单通道地感线圈车辆探测测器、车道控制机、电动栏杆、车辆牌照识别装置、摄像及附属设备等安装调试,摄像机立杆安装,埋管配线,接线。

2. 本体安装、接线、调试。

3. 接线、专用键盘安装、本体安装调试。

4. 本体安装、调试。

定　额　编　号			B-2-7-1	B-2-7-2	B-2-7-3	B-2-7-4
项　目			停车库(场)管理系统	车辆检测识别设备安装	出入口设备安装	车辆检测识别设备安装
			单入口/单出口	红外车辆识别装置	终端显示器/专用键盘	手动栏杆
			套	套	套	套
预算定额编号	预算定额名称	预算定额单位	数　　量			
03-5-8-8	出入口设备安装 出入口控制机	套	1.0000			
03-5-8-6	车辆检测识别设备安装 车辆牌照识别装置	套	1.0000			
03-5-8-6	车辆检测识别设备安装 红外车型识别仪	套		1.0000		
03-5-8-1	车辆检测识别设备安装 地感线圈车辆探测器 单通道	套	1.0000			
03-5-8-10	出入口设备安装 终端显示器/专用键盘	套			1.0000	
03-5-8-12	出入口设备安装 手动栏杆	套				1.0000
03-5-8-13	出入口设备安装 电动栏杆	套	1.0000			
03-5-7-2	摄像机安装 枪式带镜头摄像机	台	1.0000			
03-5-7-19	防护罩安装 全天候防护罩	个	1.0000			
03-5-7-24	摄像机立杆安装 ≤3.5m	根	1.0000			
03-5-7-26	外光源安装 照明灯(含红外灯)	台	1.0000			
03-4-11-8	紧定式钢导管敷设 暗配 公称直径 20mm 以内	100m	0.3000			
03-5-2-91【系】	同轴电缆 SYWV-75-5	100m	0.0300			
03-5-2-91【系】	铜芯塑料线 ZR-RVV3×1.5	100m	0.1000			
03-5-2-91【系】	RVVP 屏蔽线 2×1.0	100m	0.0600			
03-5-2-91【系】	RVVP 屏蔽线 4×1.0	100m	0.0600			
03-4-11-283	绝缘导线 BVR-1.5	100m 单线	0.6000			
03-4-11-285	绝缘导线 BVR-4	100m 单线	0.0300			

工作内容: 本体安装、接线、调试。

定　额　编　号			B-2-7-5	B-2-7-6	B-2-7-7	B-2-7-8
项　　目			车辆计数器	出入口设备安装		显示和信号设备安装
				发卡机、阅读机、自动收款机	停车计费显示器、语音报价器、紧急报警器	信号灯
			套	套	套	套
预算定额编号	预算定额名称	预算定额单位	数　　量			
03-5-8-14	出入口设备安装 车辆计数器	套	1.0000			
03-5-8-15	出入口设备安装 磁卡通行券发卡机	套		0.1000		
03-5-8-16	出入口设备安装 IC卡通行券发卡机	套		0.1000		
03-5-8-17	出入口设备安装 非接触式IC卡发卡机	套		0.1000		
03-5-8-18	出入口设备安装 通行券自动发券机	套		0.1000		
03-5-8-19	出入口设备安装 磁卡通行券阅读机	套		0.1000		
03-5-8-20	出入口设备安装 非接触式IC卡通行券阅读机	套		0.1000		
03-5-8-21	出入口设备安装 接触式IC卡阅读机	套		0.1000		
03-5-8-22	出入口设备安装 通行券自动阅读机	套		0.1000		
03-5-8-23	出入口设备安装 远距离卡阅读机	套		0.1000		
03-5-8-24	出入口设备安装 临时卡计费器、自动收款机	套		0.1000		
03-5-8-25	出入口设备安装 停车计费显示器	套			0.3000	
03-5-8-26	出入口设备安装 语音报价器	套			0.3000	
03-5-8-27	出入口设备安装 紧急报警器	套			0.4000	
03-5-8-32	显示和信号设备安装 信号灯	套				1.0000

工作内容: 1,2. 系统调试。

　　　　　　3. 试运行。

定　额　编　号			B-2-7-9	B-2-7-10	B-2-7-11
项　　目			系统调试		试运行
			停车场≤2进2出	停车场	停车库(场)管理系统
				每增加1进1出	
			系统	系统	系统
预算定额编号	预算定额名称	预算定额单位	数　　量		
03-5-8-34	系统调试 联网型停车场 ≤2进2出	系统	1.0000		
03-5-8-35	系统调试 联网型停车场 每增加1进1出	系统		1.0000	
03-5-8-36	试运行 停车库(场)管理系统	系统			1.0000

二、车位引导系统

工作内容： 1. 本体安装、接线、接线盒安装、调试。

　　　　　2、3、4. 本体安装、接线、调试。

定 额 编 号			B-2-7-12	B-2-7-13	B-2-7-14	B-2-7-15
项　目			超声波探测器、车位指示灯	车位引导设备安装 车位引导前端控制器、车位引导中央控制器	室外车位引导屏	室内车位引导屏 单向、双向、三向、楼层车位引导屏
			个	台	块	块
预算定额编号	预算定额名称	预算定额单位	数　量			
03-5-8-4	车辆检测识别设备安装　超声波探测器、车位指示灯	套	1.0000			
03-5-8-30	车位引导设备安装　车位引导前端控制器、车位引导中央控制器	台		1.0000		
03-5-8-42	室外车位引导屏	台			1.0000	
03-5-8-25	室内车位引导屏	套				1.0000
03-4-11-398	暗装　灯头盒、接线盒安装	10个	0.1000			

工作内容： 系统调试。

定 额 编 号			B-2-7-16
项　目			系统调试
			系统
预算定额编号	预算定额名称	预算定额单位	数　量
03-5-8-33	系统调试　非联网型停车场	系统	1.0000

三、智能卡应用系统

工作内容： 1，2. 本体安装、接线、接线盒安装、调试。

　　　　　　 3，4. 门禁控制器、读卡器、出门按钮、门锁、闭门器、门禁控制箱、电源适配器、接线盒、埋管配线、调试。

定　额　编　号			B-2-7-17	B-2-7-18	B-2-7-19	B-2-7-20
项　　目			前端信息采集设备安装		门禁控制设备	
			读卡器	消费机、充值机	单门	双门
			台	台	套	套
预算定额编号	预算定额名称	预算定额单位	数　　量			
03-5-8-38	前端信息采集设备安装 读卡器	台	1.0000		1.0000	2.0000
03-5-8-41	前端信息采集设备安装 充值机	台		0.4000		
03-5-8-42	前端信息采集设备安装 消费机	台		0.6000		
03-5-8-46	门禁控制设备安装 门禁控制器 单门	台			1.0000	
03-5-8-47	门禁控制设备安装 门禁控制器 双门	台				1.0000
03-5-8-58	执行机构设备安装 门锁	把			1.0000	2.0000
03-5-8-59	执行机构设备安装 闭门器	套			2.0000	4.0000
03-5-8-60	执行机构设备安装 出门按钮	个			1.0000	2.0000
03-5-2-2	门禁设备箱	套			1.0000	
03-5-2-3	门禁设备箱	套				1.0000
03-5-4-17	电源适配器安装 额定输出功率 ≤50VA	台			1.0000	1.0000
03-4-11-8	紧定式钢导管敷设 暗配 公称直径 20mm 以内	100m			0.3500	1.0000
03-5-2-92【系】	读卡器线 RVVP6×1.0	100m			0.1500	0.7000
03-5-2-92【系】	门锁线 RVV4×1.0	100m			0.1200	0.6500
03-5-2-92【系】	出门按钮线 RVV2×1.0	100m			0.1500	0.7000
03-4-11-398	暗装 灯头盒、接线盒安装	10个	0.1000	0.1000	0.3000	0.6000

工作内容：本体安装、接线、调试。

定　额　编　号			B-2-7-21	B-2-7-22	B-2-7-23	B-2-7-24
项　目			门禁控制设备安装		人行通道闸机设备安装	
			电梯控制器，电梯联动控制器	电梯控制扩展模块、楼层编码器、磁力锁控制器	单机芯人行通道闸机	双机芯人行通道闸机
			台	台	套	套
预算定额编号	预算定额名称	预算定额单位	数　　量			
03-5-8-51	门禁控制设备安装 电梯控制器	台	0.5000			
03-5-8-52	门禁控制设备安装 电梯控制扩展模块	台		0.4000		
03-5-8-53	门禁控制设备安装 电梯联动控制器	台	0.5000			
03-5-8-54	门禁控制设备安装 楼层编码器	台		0.4000		
03-5-8-55	门禁控制设备安装 磁力锁控制器	台		0.2000		
03-5-8-62	执行机构设备安装 单机芯人行通道闸机	套			1.0000	
03-5-8-63	执行机构设备安装 双机芯人行通道闸机	套				1.0000

工作内容：1. 本体安装、接线、调试。
　　　　　2,3,4. 系统调试。

定　额　编　号			B-2-7-25	B-2-7-26	B-2-7-27	B-2-7-28
项　目			中心处理设备安装	智能卡系统调试		
				智能识别管理系统		电梯控制系统≤5部
			读、写卡机	≤50门	>50门 每增加10门	
			台	系统	系统	系统
预算定额编号	预算定额名称	预算定额单位	数　　量			
03-5-8-65	中心处理设备安装 读、写卡机	台	1.0000			
03-5-8-66	智能卡系统调试 智能识别管理系统 联网调试 ≤50门	系统		1.0000		
03-5-8-67	智能卡系统调试 智能识别管理系统 联网调试 >50门 每增加10门	系统			1.0000	
03-5-8-68	智能卡系统调试 电梯控制系统 联网调试 ≤5部	系统				1.0000

工作内容：1,2. 系统调试。
　　　　　　3. 试运行。

定　额　编　号			B-2-7-29	B-2-7-30	B-2-7-31
项　目			智能卡系统调试		系统试运行
			电梯控制系统>5部	人行通道闸机控制系统(每通道)	智能识别管理系统、电梯控制系统、人行通道闸机控制系统
			每增加1部		
			系统	系统	系统
预算定额编号	预算定额名称	预算定额单位	数　量		
03-5-8-69	智能卡系统调试 电梯控制系统联网调试 >5部 每增加1部	系统	1.0000		
03-5-8-70	智能卡系统调试 人行通道闸机控制系统(每通道)	系统		1.0000	
03-5-8-71	试运行 智能识别管理系统	系统			1.0000